中国农业标准经典收藏系列

中国农业行业标准汇编

（2022）

农机分册

标准质量出版分社　编

中国农业出版社

农村读物出版社

北　京

主　　编：刘　伟

副 主 编：冀　刚

编写人员（按姓氏笔画排序）：

冯英华　刘　伟　李　辉

杨桂华　胡烨芳　廖　宁

冀　刚

出 版 说 明

　　近年来，我们陆续出版了多版《中国农业标准经典收藏系列》标准汇编，已将 2004—2019 年由我社出版的 4 600 多项标准单行本汇编成册，得到了广大读者的一致好评。无论从阅读方式还是从参考使用上，都给读者带来了很大方便。

　　为了加大农业标准的宣贯力度，扩大标准汇编本的影响，满足和方便读者的需要，我们在总结以往出版经验的基础上策划了《中国农业行业标准汇编（2022）》。本次汇编对 2020 年出版的 462 项农业标准进行了专业细分与组合，根据专业不同分为种植业、畜牧兽医、植保、农机、综合和水产 6 个分册。

　　本书收录了农机作业质量、质量评价技术规范、报废技术条件等方面的农业标准 17 项，并在书后附有 2020 年发布的 8 个标准公告供参考。

特别声明：

　　1. 汇编本着尊重原著的原则，除明显差错外，对标准中所涉及的有关量、符号、单位和编写体例均未做统一改动。

　　2. 从印制工艺的角度考虑，原标准中的彩色部分在此只给出黑白图片。

　　3. 本辑所收录的个别标准，由于专业交叉特性，故同时归于不同分册当中。

　　本书可供农业生产人员、标准管理干部和科研人员使用，也可供有关农业院校师生参考。

标准质量出版分社

2021 年 8 月

目　　录

ICS 65.060.99
B 90

中华人民共和国农业行业标准

NY/T 263—2020
代替 NY/T 263—2003

天然橡胶初加工机械 锤磨机

Machinery for primary processing of natural rubber—Hammer mill

2020-11-12 发布

2021-04-01 实施

中华人民共和国农业农村部 发布

前　言

本标准按照 GB/T 1.1—2009 给出的规则起草。

本标准代替 NY/T 263—2003《天然橡胶初加工机械　锤磨机》,与 NY/T 263—2003 相比,除编辑性修改外主要技术变化如下:

——增加了术语和定义(见第 3 章);

——修订了型号规格和技术参数(见 4.2,2003 年版的 3.2);

——增加了胶粒合格率的要求(见 5.1.6,2003 年版的 4.1.6);

——修订了可用度指标要求(见 5.1.7,2003 年版的 4.1.2);

——删除了大皮带轮质量要求(2003 年版的 4.2.3);

——删除了圆柱齿轮减速器质量要求(2003 年版的 4.2.3);

——修订了装配质量要求(见 5.3,2003 年版的 4.3);

——修订了外观和涂漆质量要求(见 5.4,2003 年版的 4.1.7);

——修订了电气装置要求(见 5.5,2003 年版的 4.4);

——增加了安全防护要求(见 5.6);

——增加了生产率、胶粒合格率、漆膜附着力和表面粗糙度等指标的试验方法(见 6.4)。

请注意本文件的某些内容可能涉及专利。本文件的发布机构不承担识别这些专利的责任。

本标准由中华人民共和国农业农村部提出。

本标准由农业农村部热带作物及制品标准化技术委员会归口。

本标准起草单位:中国热带农业科学院农业机械研究所。

本标准主要起草人:邓怡国、刘智强、李明、郑勇、王业勤、陈小艳。

本标准所替代标准的历次版本发布情况为:

——NY/T 263—1994、NY/T 263—2003。

天然橡胶初加工机械　锤磨机

1　范围

本标准规定了天然橡胶初加工机械锤磨机的术语和定义、产品型号和主要技术参数、技术要求、试验方法、检验规则及标志、包装、运输和储存等要求。

本标准适用于天然橡胶初加工机械锤磨机。

2　规范性引用文件

下列文件对于本文件的应用是必不可少的。凡是注日期的引用文件，仅注日期的版本适用于本文件。凡是不注日期的引用文件，其最新版本（包括所有的修改单）适用于本文件。

GB/T 231.1　金属材料　布氏硬度试验　第1部分：试验方法

GB/T 699　优质碳素结构钢

GB/T 700　碳素结构钢

GB/T 1184　形状和位置公差　未注公差值

GB/T 1348　球墨铸铁件

GB/T 1800.2　产品几何技术规范（GPS）　极限与配合　第2部分：标准公差等级和孔、轴极限偏差表

GB/T 2828.1　计数抽样检验程序　第1部分：按接收质量限（AQL）检索的逐批检验抽样计划

GB/T 3768　声学　声压法测定噪声源声功率级和声能量级　采用反射面上方包络测量面的简易法

GB/T 5667—2008　农业机械　生产试验方法

GB/T 8196　机械安全　防护装置　固定式和活动式防护装置的设计与制造一般要求

GB/T 9439　灰铸铁件

GB 10396　农林拖拉机和机械、草坪和园艺动力机械　安全标志和危险图形　总则

GB/T 10610　产品几何技术规范（GPS）　表面结构　轮廓法　评定表面结构的规则和方法

GB/T 11352　一般工程用铸造碳钢件

JB/T 9832.2　农林拖拉机及机具　漆膜　附着力性能测定方法　压切法

NY/T 232—2011　天然橡胶初加工机械　基础件

NY/T 409—2013　天然橡胶初加工机械通用技术条件

NY/T 1036　热带作物机械术语

3　术语和定义

NY/T 1036界定的以及下列术语和定义适用于本文件。

3.1

可用度（使用有效度）　availability

在规定条件下及规定时间内，产品可工作时间与产品使用总时间的比。

注：改写 GB/T 5667—2008，定义2.12。

3.2

胶粒合格率　qualified rate of comminuted rubber

加工出的合格胶粒质量与胶粒的总质量之比。

4　产品型号和主要技术参数

4.1　产品型号表示方法

产品型号的编制方法应符合 NY/T 409—2013 的要求,由机名代号和主要参数等组成,表示如下:

CM—□×□
　　　　转子工作长度,mm
　　　转子工作直径,mm
　锤磨机代号

示例:

CM-550×600 表示锤磨机,其转子工作直径为 550 mm,转子工作长度为 600 mm。

4.2 主要技术参数

产品型号和主要技术参数见表1。

表 1　产品型号和主要技术参数

产品型号	锤片总数 个	转子工作直径 mm	转子工作长度 mm	辊筒工作直径 mm	主电机功率[a] kW	生产率[b](干胶) kg/h
CM-500×370	6×5	500	370	120	18.5~22	≥800
CM-550×500	6×7	550	500	150	22~30	≥1 500
CM-550×600	6×9	550	600	200	30~37	≥2 000
CM-550×650	6×10	550	650	300	37~45	≥2 500
CM-650×700	6×11	650	700	200	75~90	≥4 000
[a]　根据不同的加工原料选择主电机功率。						
[b]　全乳胶的生产率。						

5　技术要求

5.1　整机要求

5.1.1　应按经批准的图样和技术文件制造。

5.1.2　整机运行 2 h 以上,轴承温升空载时应不超过 30℃,负载时应不超过 40℃。减速箱润滑油的最高温度应不超过 65℃。

5.1.3　整机运行过程中,各密封部位不应有渗漏现象,紧固件无松动。

5.1.4　整机运行应平稳,不应有明显的振动、冲击和异响,调整机构应灵活可靠。

5.1.5　空载噪声应不大于 88 dB(A)。

5.1.6　胶粒合格率应不小于 80%。

5.1.7　可用度应不小于 95%。

5.2　主要零部件

5.2.1　辊筒

5.2.1.1　辊体应采用力学性能不低于 GB/T 1348 规定的 QT450-10 的材料制造;两端轴应采用力学性能不低于 GB/T 699 规定的 45 钢的材料制造,并调质处理。

5.2.1.2　辊筒工作面硬度应不低于 200 HB。

5.2.1.3　直径 d 的尺寸公差应符合 GB/T 1800.2 中 h7 或 k7 的规定。

5.2.1.4　长度 L 和 L_1 的尺寸公差应分别符合 GB/T 1800.2 中 h11 和 js10 的规定。

5.2.1.5　表面粗糙度应不低于图1的要求。

5.2.1.6　形位公差应符合 GB/T 1184 中 8 级精度的规定。

5.2.2　转子轴

5.2.2.1　转子轴的材料力学性能应不低于 GB/T 699 规定的 45 钢的要求,并调质处理。

5.2.2.2　直径 D 和 d 的尺寸公差应分别符合 GB/T 1800.2 中 h7 和 k6 的规定。

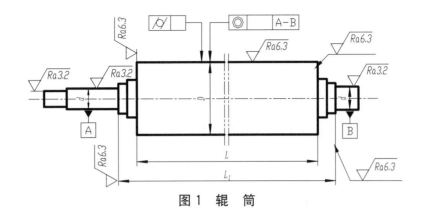

图 1　辊　筒

5.2.2.3 形位公差和表面粗糙度应不低于图 2 的要求。

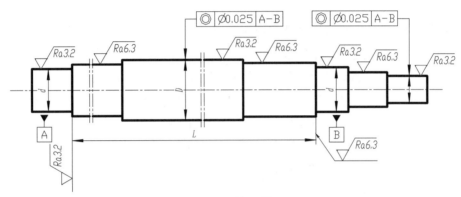

图 2　转子轴

5.2.3　上壳体

5.2.3.1 上壳体的材料力学性能应不低于 GB/T 11352 规定的 ZG 230-450 或 GB/T 700 规定的 Q235 的要求。

5.2.3.2 长度 L 和 L_1 的尺寸公差应分别符合 GB/T 1800.2 中 D11 和 h10 的要求。

5.2.3.3 高度 h 的尺寸公差应符合 GB/T 1800.2 中 H9 的要求。

5.2.3.4 形位公差和表面粗糙度应不低于图 3 的要求。

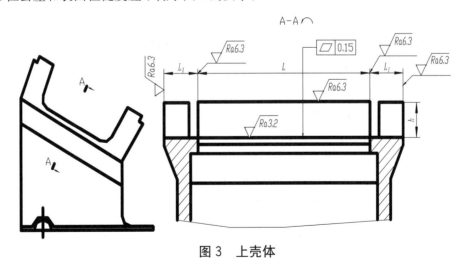

图 3　上壳体

5.2.4　轴承座

5.2.4.1 应采用力学性能不低于 GB/T 9439 规定的 HT200 的材料制造。

5.2.4.2 轴承位的尺寸公差应符合 GB/T 1800.2 中 H7 或 K7 的要求。

5.2.4.3 轴承位的表面粗糙度应不低于 Ra3.2 的要求。

5.2.5 锤片

锤片应符合 NY/T 232—2011 中 4.4.1～4.4.5 的规定。

5.2.6 筛网

筛网应符合 NY/T 232—2011 中表 2 和 4.3 的规定。

5.2.7 转子部件

装配前应将锤片按 NY/T 232—2011 中 4.4.6 的规定进行分组。

5.3 装配质量

5.3.1 装配质量应按 NY/T 409—2013 中 5.7 的规定。

5.3.2 前后辊总成轴承座与上横梁的配合间隙应在 0.10 mm～0.30 mm 之间。

5.3.3 两辊筒紧贴,在辊筒工作全长上其最大间隙应不大于 0.08 mm。

5.4 外观和涂漆

5.4.1 外观表面应平整,不应有明显的凹凸和损伤。

5.4.2 铸件表面不应有飞边、毛刺、浇口、冒口等。

5.4.3 焊接件外观表面不应有焊瘤、金属飞溅物等。焊缝表面应均匀,不应有裂纹。

5.4.4 漆层外观色泽应均匀、平整光滑;不应有露底、严重的流痕和麻点;明显的起泡、起皱应不多于 3 处。

5.4.5 漆层的漆膜附着力应符合 JB/T 9832.2 中 2 级 3 处的规定。

5.5 电气装置

应符合 NY/T 409—2013 中 5.8 的规定。

5.6 安全防护

5.6.1 整机应有便于吊运和安装的装置。

5.6.2 外露旋转零部件应设有防护装置,防护装置应符合 GB/T 8196 的要求。

5.6.3 在易发生危险的部位或可能危及人员安全的部位,应在明显处设有安全警示标志或涂有安全色,标志应符合 GB 10396 的规定。

5.6.4 设备运行时有可能发生移位、松脱或抛射的零部件,应有紧固或防松装置。

6 试验方法

6.1 试验条件

6.1.1 试验应在平整结实地面进行,并调校好水平面、紧固地脚螺栓。

6.1.2 试验原料胶片的宽度应不小于辊筒有效长度的 80%,厚度为 3 mm～5 mm。

6.2 空载试验

6.2.1 总装配检验合格后应进行空载试验。

6.2.2 机器连续运行应不少于 2 h。

6.2.3 试验项目、要求和方法见表 2。

表 2 空载试验项目、要求和方法

试验项目	要求	方法
轴承温升	符合 5.1.2 的规定	测温仪测定
噪声	符合 5.1.5 的规定	按 6.4.3 测定
两辊筒紧贴间隙	符合 5.3.3 的规定	塞尺测定
电气装置	符合 5.5 的规定	感官、接地电阻测试仪测定
安全防护	符合 5.6 的规定	感官

6.3 负载试验

6.3.1 负载试验应在空载试验合格后进行。

6.3.2 试验时连续工作应不少于 2 h。

6.3.3 试验项目、要求和方法见表3。

表 3 负载试验项目、要求和方法

试验项目	要求	方法
运行情况	符合5.1.3和5.1.4的规定	感官
安全防护	符合5.6的规定	感官
电气装置	符合5.5的规定	感官、接地电阻测试仪测定
轴承温升及减速箱油温	符合5.1.2的规定	测温仪测定
生产率	符合表1的规定	按6.4.1测定
胶粒合格率	符合5.1.6的规定	按6.4.2测定

6.4 试验方法

6.4.1 生产率测定

在额定转速及额定负载条件下,测定 3 次班次小时生产率,每次不小于 2 h,取 3 次测定的算术平均值,结果精确到"1 kg/h"。班次时间包括纯工作时间、工艺时间和故障时间。按式(1)计算。

$$E_b = \frac{Q_b}{T_b} \quad \cdots\cdots\cdots\cdots\cdots\cdots\cdots\cdots\cdots\cdots\cdots (1)$$

式中:

E_b——班次小时生产率,单位为千克每小时(kg/h);

Q_b——测定期间班次生产量,单位为千克(kg);

T_b——测定期间班次时间,单位为小时(h)。

6.4.2 胶粒合格率测定

在正常生产条件下,随机抽取胶粒池中不少于 1 000 g 的胶粒,测定合格胶粒(胶粒最大尺寸不大于 8 mm)质量。在一个班次内每间隔不小于 30 min,重复抽样 3 次测定,取 3 次测定的算术平均值。按式(2)计算。

$$H_g = \frac{G_h}{Z_z} \times 100 \quad \cdots\cdots\cdots\cdots\cdots\cdots\cdots\cdots\cdots (2)$$

式中:

H_g——合格率,单位为百分号(%);

G_h——合格胶粒质量,单位为克(g);

Z_z——胶粒的总质量,单位为克(g)。

6.4.3 噪声测定

噪声的测定应按 GB/T 3768 规定的方法执行。

6.4.4 可用度测定

在正常生产和使用条件下考核不小于 200 h,同一机型不少于 2 台,可在不同地区测定,取所测台数的算术平均值,并按式(3)计算。

$$K = \frac{\sum T_z}{\sum T_z + \sum T_g} \quad \cdots\cdots\cdots\cdots\cdots\cdots\cdots\cdots (3)$$

式中:

K——可用度,单位为百分号(%);

T_z——生产考核期间班次工作时间,单位为小时(h);

T_g——生产考核期间班次的故障时间,单位为小时(h)。

6.4.5 硬度测定

硬度测定应按 GB/T 231.1 规定的方法执行。

6.4.6 表面粗糙度测定

应按 GB/T 10610 规定的方法测定。

6.4.7 漆膜附着力测定

应按 JB/T 9832.2 规定的方法测定。

7 检验规则

7.1 出厂检验

7.1.1 出厂检验应实行全检,取得合格证后方可出厂。

7.1.2 出厂检验的项目及要求:

——装配应符合 5.3 的规定;

——外观和涂漆应符合 5.4 的规定;

——安全防护应符合 5.6 的规定;

——空载试验应符合 6.2 的规定。

7.1.3 用户有要求时,可进行负载试验,负载试验应符合 6.3 的规定。

7.2 型式检验

7.2.1 有下列情况之一时,应进行型式检验:

——新产品或老产品转厂生产;

——正式生产后,结构、材料、工艺等有较大改变,可能影响产品性能时;

——正常生产时,定期或周期性抽查检验;

——产品长期停产后恢复生产;

——出厂检验发现产品质量显著下降;

——质量监督机构提出型式检验要求。

7.2.2 型式检验应实行抽检。抽样按 GB/T 2828.1 规定的正常检查一次抽样方案。

7.2.3 样本应是 12 个月内生产的产品。抽样检查批量应不少于 3 台(件),样本为 2 台(件)。

7.2.4 整机抽样地点在生产企业的成品库或销售部门;零部件在半成品库或装配线上已检验合格的零部件中抽取。

7.2.5 型式检验项目、不合格分类和判定规则见表 4。

表 4 型式检验项目、不合格分类和判定规则

不合格分类	检验项目	样本数	项目数	检验水平	样本大小字码	AQL	Ac	Re
A	生产率	2	4	S-1	A	6.5	0	1
	胶粒合格率							
	可用度[a]							
	安全防护							
B	噪声		6			25	1	2
	轴承温升							
	锤片硬度							
	锤片组间质量差和组内质量差							

表 4（续）

不合格分类	检验项目	样本数	项目数	检验水平	样本大小字码	AQL	Ac	Re
B	轴承与孔、轴配合精度		6			25	1	2
	辊筒工作表面硬度							
C	减速箱油温及渗漏油情况	2	6	S-1	A	40	2	3
	调整机构性能							
	两辊筒紧贴间隙							
	外观质量							
	漆膜附着力							
	标志和技术文件							

注：AQL 为接收质量限，Ac 为接收数，Re 为拒收数。判定时，A、B、C 各类的不合格总数小于或等于 Ac 为合格，大于或等于 Re 为不合格。A、B、C 各类均合格时，判该批产品为合格品，否则为不合格品。

a 监督性检验可以不做可用度检查。

8 标志、包装、运输和储存

产品的标志、包装、运输和储存应按 NY/T 409—2013 中第 8 章的规定。

ICS 65.060.99
B 91

中华人民共和国农业行业标准

NY/T 363—2020
代替 NY/T 363—1999

种子除芒机 质量评价技术规范

Technical specification of quality evaluation for seed awner

2020-07-27 发布

2020-11-01 实施

中华人民共和国农业农村部 发布

前　　言

本标准按照 GB/T 1.1—2009 给出的规则起草。

本标准代替 NY/T 363—1999《种子除芒机试验鉴定方法》。与 NY/T 363—1999 相比，除编辑性修改外主要内容变化如下：

——修改了标准名称；

——修改了适用范围（见 1,1999 年版的 1）；

——删除了引用标准（见 1999 年版的 2）；

——增加了规范性引用文件（见 2）；

——删除了整机技术参数测定、质量指标、试验方法（见 1999 年版的 3、4、5）；

——增加了除芒率术语和定义（见 3.1）；

——增加了基本要求、质量要求、检测方法（见 4、5、6）；

——修改了试验条件（见 4.3,1999 年版的 5.2）；

——增加了纯工作小时生产率、破损率增值性能指标及测试方法（见 5.1、6.1.3.1、6.1.3.6）；

——删除了安全防护（见 1999 年版的 4.3.4）；

——增加了安全要求、外观质量和涂漆质量等项及检查项（见 5.2 和 5.4）；

——修改了除芒率、噪声、轴承温升、使用有效度的检测方法（见 6.1.3.4、6.1.3.9、6.1.3.10、6.1.3.11,1999 年版的 5.4.2、5.4.9、5.5.4、5.6）；

——修改了检验规则（见 7,1999 年版的 6）；

——增加了抽样方法（见 7.2）。

本标准由农业农村部农业机械化管理司提出。

本标准由全国农业机械标准化技术委员会农业机械化分技术委员会（SAC/TC 201/SC 2）归口。

本标准起草单位：农业农村部南京农业机械化研究所。

本标准主要起草人：胡志超、谢焕雄、张会娟、彭宝良、田立佳、王建楠。

本标准所代替标准的历次版本发布情况为：

——NY/T 363—1999。

种子除芒机　质量评价技术规范

1　范围

本标准规定了种子除芒机质量评价的术语和定义、基本要求、质量要求、检测方法和检验规则。

本标准适用于对水稻、大麦、甜菜等带芒、刺种子(小粒种子和牧草种子除外)进行除芒处理的种子除芒机(以下简称除芒机)的质量评定。

2　规范性引用文件

下列文件对于本文件的应用是必不可少的。凡是注日期的引用文件,仅注日期的版本适用于本文件。凡是不注日期的引用文件,其最新版本(包括所有的修改单)适用于本文件。

GB/T 2828.11—2008　计数抽样检验程序　第11部分:小总体声称质量水平的评定程序

GB/T 3543.2—1995　农作物种子检验规程　扦样

GB/T 9480　农林拖拉机和机械、草坪和园艺动力机械　使用说明书编写规则

GB 10396　农林拖拉机和机械、草坪和园艺动力机械　安全标志和危险图形　总则

GB/T 13306　标牌

GB/T 23821—2009　机械安全　防止上下肢触及危险区的安全距离

JB/T 9832.2—1999　农林拖拉机及机具　漆膜　附着性能测定方法　压切法

3　术语和定义

下列术语和定义适用于本文件。

3.1

除芒率　passing percentage of awn removed

除芒合格的种子粒数占被除芒种子总粒数的百分比。

4　基本要求

4.1　质量评价所需的文件资料

对除芒机进行质量评价所需提供的文件资料应包括:

a)　产品规格表(见附录A),并加盖企业公章;

b)　企业产品执行标准或产品制造验收技术条件;

c)　产品使用说明书;

d)　产品三包凭证;

e)　产品照片4张(正前方、正后方、左前方45°、右前方45°各1张)。

4.2　主要技术参数核对与测量

依据产品使用说明书、铭牌和企业提供的其他技术文件,对样机的主要技术参数按表1进行核对或测量。

表1　核测项目与方法

序号	项目	方法
1	型号	核对
2	结构型式	核对
3	外形尺寸(长×宽×高)	测量
4	整机质量	测量

表 1（续）

序号	项目	方法
5	电机额定功率	核对
6	除芒辊转速	测量
7	除芒辊直径	测量

4.3 试验条件

4.3.1 试验场地应满足除芒机的试验要求。

4.3.2 试验环境温度 5℃～35℃。

4.3.3 试验电压应在额定电压±5%范围内。

4.3.4 试验选用带芒水稻种子进行，原料中带芒种子含有率不低于20%，原料种子净度不低于85%，原料种子含水率应不高于13.0%。试验物料准备量应满足除芒机在额定生产率下2 h以上的加工量。

4.3.5 试验样机应按产品使用说明书要求进行安装，并调试到正常运转状态。

4.4 主要仪器设备

试验用主要仪器设备应经过计量检定合格或校准，且在有效期内。其测量范围和准确度要求应不低于表2的规定。

表 2 主要仪器设备测量范围和准确度要求

序号	测量参数名称	测量范围	准确度要求
1	时间	0 h～24 h	0.5 s
2	质量	0 kg～0.2 kg	0.001 g
		0 kg～0.5 kg	0.01 g
		0 kg～5 kg	1 g
		0 kg～100 kg	50 g
		0 kg～5 000 kg	5 kg
3	长度	0 m～5 m	1 mm
4	转速	0 r/min～4 000 r/min	1 r/min
5	功率	0 kW～50 kW	0.1 kW
6	温度	−50℃～100℃	1℃
7	湿度	0%～100%	5%
8	噪声	30 dB(A)～130 dB(A)	1 dB(A)
9	绝缘电阻	0 MΩ～200 MΩ	10%

5 质量要求

5.1 性能要求

除芒机性能应符合表3的规定。

表 3 性能指标要求

序号	项目	质量指标	对应的检测方法条款号
1	纯工作小时生产率,kg/h	≥设计额定值	6.1.3.1
2	除芒率,%	≥90	6.1.3.4
3	破损率增值,%	≤2.0	6.1.3.6
4	除芒后种子温度,℃	≤42	6.1.3.7
5	负荷程度,%	75～90	6.1.3.8
6	噪声,dB(A)	≤85	6.1.3.9
7	轴承温升,℃	≤25	6.1.3.10

5.2 安全要求

5.2.1 皮带轮等外露传动件、旋转部件应有牢固可靠的防护装置。安全防护罩应能保证人体任何部位不会触及转动部件,并不应妨碍机器操作、保养和观察。安全防护距离应符合 GB/T 23821—2009 中 4.2 的规定。

5.2.2 电控柜等电器装置应有过载保护和漏电保护装置。电动机应有接地装置,接地装置应有接地符号且不应另作其他用途。各电动机接线端子与机体间的绝缘电阻应不小于 20 MΩ。

5.2.3 可能影响人身安全的部位应有符合 GB 10396 规定的安全标志。电控柜应有醒目的防触电安全标志,操作按钮处应有中文文字或符号标志标明用途。

5.2.4 产品使用说明书应规定安全操作规程、安全注意事项。安全标志及其粘贴位置应在产品使用说明书中再现。

5.3 装配质量

5.3.1 除芒机空运转平稳、无异常声响。

5.3.2 各紧固件、连接件应牢固、可靠且不松动。

5.3.3 焊缝均匀牢靠,不应烧穿、漏焊、脱焊,焊点外溢金属经清理无锐角。

5.3.4 各运转件应转动灵活、平稳,不应有异常震动、声响及卡滞现象。

5.3.5 不应有漏种、漏油等现象。

5.4 外观质量和涂漆质量

5.4.1 除芒机表面应平整光滑,不应有碰伤、划痕及制造缺陷。

5.4.2 油漆表面应色泽均匀,不应有露底、起泡、起皱、流挂现象。

5.4.3 漆膜厚度不小于 45 μm,漆膜附着力应符合 JB/T 9832.2—1999 中表 1 规定的Ⅱ级或Ⅱ级以上要求。

5.5 操作方便性

5.5.1 调整装置位置应便于操作,调节装置应灵活可靠。

5.5.2 机器内部清理应方便,不得有难以清除残留物的死角。

5.5.3 注油口应便于操作,易损件更换应方便。

5.6 使用有效度

除芒机的使用有效度应不小于 95%。

5.7 使用说明书

产品使用说明书的编制应符合 GB/T 9480 的规定,至少应包括以下内容:

   a) 工作原理及主要用途;
   b) 结构特征及产品特点;
   c) 产品执行标准及主要技术参数;
   d) 安装、调试和使用方法;
   e) 维护与保养说明;
   f) 常见故障与排除方法;
   g) 安全注意事项;
   h) 安全警示标志并明确其粘贴位置;
   i) 易损件清单;
   j) 制造企业名称、地址、电话、邮编。

5.8 三包凭证

除芒机应有三包凭证,至少应包括以下内容:

   a) 产品型号规格、购买日期、出厂编号;
   b) 制造企业名称、联系地址、电话、邮编;
   c) 销售者和维修者的名称、联系地址、电话、邮编;
   d) 整机三包有效期(不低于 1 年);

  e) 主要零部件名称和质量保证期(不低于 1 年);

  f) 易损件及其他零部件和质量保证期;

  g) 销售记录(包括销售者、销售地点、销售日期、销售发票号码);

  h) 维修记录(包括送修时间、交货时间、送修故障、维修情况、换退货证明);

  i) 不实行三包的情况说明。

5.9 铭牌

5.9.1 除芒机的铭牌应符合 GB/T 13306 的规定,且固定在明显位置。

5.9.2 铭牌至少包括以下内容:

  a) 产品名称及型号;

  b) 电机额定功率;

  c) 外形尺寸;

  d) 整机质量;

  e) 产品执行标准;

  f) 出厂编号、生产日期;

  g) 制造企业名称、地址。

6 检测方法

6.1 性能试验

6.1.1 试验准备

  在试验前样机应空运转 30 min,然后将生产率调整在设计值 100%～110%的水平上,样机进入稳定工作状态后,开始性能试验。

6.1.2 取样方法

6.1.2.1 在喂料口(仓)中分时段随机取 3 次,每次不少于 1 kg,用于原料带芒种子含有率、原料种子净度、原料种子破损率、原料种子含水率的测定。

6.1.2.2 在排料口分 3 次接取全部物料,每次取样时间不少于 30 s,每次取样间隔时间不少于 15 min,用于纯工作小时生产率、除芒率、破损率增值的测定。

6.1.3 性能测定

6.1.3.1 纯工作小时生产率

  对排料口采集的样品分别称其质量,纯工作小时生产率按式(1)计算,并取 3 次测试结果平均值作为试验结果。

$$W = \frac{Z_\text{排}}{t_\text{排}} \times 3600 \quad\cdots\cdots\cdots\cdots\cdots\cdots\cdots\cdots\cdots\cdots\cdots\cdots\cdots\cdots\cdots\cdots \text{(1)}$$

  式中:

  W ——纯工作小时生产率,单位为千克每小时(kg/h);

  $Z_\text{排}$——排料口接取的种子质量,单位为千克(kg);

  $t_\text{排}$ ——测定时间,单位为秒(s)。

6.1.3.2 原料带芒种子含有测定

  对喂料口(仓)中原始物料采集的样品,按照 GB/T 3543.2—1995 中 6.2.2 的四分法取不小于 50 g 的分样,将分样中的带芒种子、不带芒种子分别数粒,按式(2)计算原料带芒种子含有率,并取 3 次测试结果平均值作为试验结果。

$$Y = \frac{n_\text{y0}}{n_\text{y0} + n_\text{y1}} \times 100 \quad\cdots\cdots\cdots\cdots\cdots\cdots\cdots\cdots\cdots\cdots\cdots\cdots \text{(2)}$$

  式中:

  Y ——原料带芒种子含有率,单位为百分号(%);

n_{y0}——原料分样中带芒种子粒数,单位为粒;

n_{y1}——原料分样中不带芒种子粒数,单位为粒。

6.1.3.3 原料种子净度

对喂料口(仓)中原始物料采集的样品,按照 GB/T 3543.2—1995 中 6.2.2 的四分法取不小于 50 g 的分样,将分样中的种子称其质量,按式(3)计算原料净度,并取 3 次测试结果平均值作为试验结果。

$$Y_J = \frac{m_{y0}}{m_y} \times 100 \quad\cdots\cdots\cdots\cdots\cdots\cdots\cdots\cdots\cdots\cdots\cdots\cdots\cdots\cdots (3)$$

式中:

Y_J——原料种子净度,单位为百分号(%);

m_{y0}——原料分样中种子质量,单位为克(g);

m_y——原料分样质量,单位为克(g)。

6.1.3.4 除芒率

对排料口采集的样品,按照 GB/T 3543.2—1995 中 6.2.2 的四分法取不小于 50 g 的分样,再将分样中的带芒种子、不带芒种子分离出来数粒,按式(4)计算除芒率,并取 3 次测试结果平均值作为试验结果。

$$C = \left[1 - \frac{n_{c0}}{Y \times (n_{c0} + n_{c1})}\right] \times 100 \quad\cdots\cdots\cdots\cdots\cdots\cdots\cdots (4)$$

式中:

C——除芒率,单位为百分号(%);

n_{c0}——排料口分样中带芒种子粒数,单位为粒;

n_{c1}——排料口分样中不带芒种子粒数,单位为粒。

6.1.3.5 原料种子破损率

对喂料口(仓)中原始物料采集的样品,按照 GB/T 3543.2—1995 中 6.2.2 的四分法取不小于 50 g 的分样,将分样中的合格种子、破损种子(压扁、破碎、明显残缺及裂痕的种子)分离出来称其质量,按式(5)计算原料种子破损率,并取 3 次测试结果平均值作为试验结果。

$$P_y = \frac{m_{yp}}{m_{yp} + m_{yh}} \times 100 \quad\cdots\cdots\cdots\cdots\cdots\cdots\cdots\cdots (5)$$

式中:

P_y——原料种子破损率,单位为百分号(%);

m_{yp}——原料分样中破损种子质量,单位为克(g);

m_{yh}——原料分样中合格种子质量,单位为克(g)。

6.1.3.6 除芒后种子破损率、破损率增值

对排料口采集的样品,按照 GB/T 3543.2—1995 中 6.2.2 的四分法取不小于 50 g 的分样,将分样中的合格种子、破损种子分离出来称其质量,按式(6)计算除芒后种子破损率,并取 3 次测试结果平均值作为试验结果。按式(7)计算破损率增值。

$$P = \frac{m_{cp}}{m_{cp} + m_{ch}} \times 100 \quad\cdots\cdots\cdots\cdots\cdots\cdots\cdots\cdots (6)$$

$$\Delta P = P - P_y \quad\cdots\cdots\cdots\cdots\cdots\cdots\cdots\cdots\cdots\cdots\cdots (7)$$

式中:

P——除芒后种子破损率,单位为百分号(%);

m_{cp}——排料口分样中破损种子质量,单位为克(g);

m_{ch}——排料口分样中合格种子质量,单位为克(g);

ΔP——破损率增值。

6.1.3.7 除芒后种子温度

在每个取样中段,用点温计在排料口处测定种子温度,测量 3 次,取其平均值。

6.1.3.8 负荷程度

在除芒机进入稳定工作状态后,测定电机输入功率,按式(8)计算负荷程度,并取3次测试结果平均值作为试验结果。

$$F = \frac{N_\text{入}}{N_\text{额}} \times 100 \quad\quad\quad\quad (8)$$

式中:

F ——负荷程度,单位为百分号(%);

$N_\text{入}$ ——电机输入功率,单位为千瓦(kW);

$N_\text{额}$ ——额定功率,单位为千瓦(kW)。

6.1.3.9 噪声

6.1.3.9.1 噪声应在满负荷工作时测定。除芒机周围不应放置障碍物,与墙壁的距离应大于2 m。将测试仪器置于水平位置,传声器面向噪声源,传声器距离地面高度为1.5 m,与除芒机表面距离为1 m(按基准体表面计),用慢挡进行测量。测量点不少于4点,沿除芒机周围测量表面矩形每一边的中点。噪声正式测定前,应测量试验环境的背景噪声。每点测3次,取其平均值作为该点的试验结果,各点噪声值中的最大值作为除芒机试验结果。

6.1.3.9.2 背景噪声应比工作噪声测量值低10 dB(A)以上。若不能满足此规定,当每个测点上测量的A声级噪声值与背景噪声的A声级之差小于3 dB(A)时,测量结果无效;当每个测点上测量的A声级噪声值与背景噪声的A声级之差高于10 dB(A)时,则本底噪声的影响忽略不计;当每个测点上测量的A声级噪声值与背景噪声的A声级之差在3 dB(A)~10 dB(A)时,则应按表4进行修正。

表4 噪声修正值

平均噪声值与背景噪声值差值,dB(A)	3	4～5	6～8	9～10	＞10
噪声修正值,dB(A)	3	2	1	0.5	0

6.1.3.10 轴承温升

空运转试验前,分别测定各处轴承温度。除芒机性能试验结束停机前,再分别测定轴承温度。每处测量3点,取3点平均值为该处温度值,计算各处轴承温升,取各处轴承温升的最大值为测定结果。

6.1.3.11 使用有效度

对除芒机进行不少于200 h的可靠性试验,记录试验期间的故障时间和作业时间,按式(9)计算使用有效度。如果发生导致机具功能完全丧失、危及作业安全、造成人身伤亡或重大经济损失的重大质量故障,以及主要零部件或重要总成(如除芒辊等)损坏、报废,导致功能严重下降、难以正常作业,试验不再继续进行,有效度考核结果不合格。

$$K = \frac{\sum T_z}{\sum T_z + \sum T_g} \times 100 \quad\quad\quad\quad (9)$$

式中:

K ——使用有效度,单位为百分号(%);

T_z ——生产考核期间的作业时间,单位为小时(h);

T_g ——生产考核期间的故障时间,单位为小时(h)。

6.2 安全要求

按5.2要求逐条检查是否符合要求。其中一项不合格,则该项目不合格。

6.3 装配质量

在试验过程中,观察是否符合5.3要求。其中一项不合格,则该项目不合格。

6.4 外观质量和涂漆质量

用目测法检查是否符合5.4.1、5.4.2要求;在除芒机涂漆表面任选3处,用测厚仪测量漆膜厚度,以最小值为测试结果,并按JB/T 9832.2—1999的规定检查漆膜附着力是否符合5.4.3的要求。其中一项不合格,则该项目不合格。

6.5 操作方便性

按 5.5 的要求逐项检查是否符合要求。其中一项不合格,则该项目不合格。

6.6 使用说明书

审查产品使用说明书是否符合 5.7 要求。其中一项不合格,则该项目不合格。

6.7 三包凭证

审查三包凭证是否符合 5.8 要求。其中一项不合格,则该项目不合格。

6.8 铭牌

审查铭牌是否符合 5.9 要求。其中一项不合格,则该项目不合格。

7 检验规则

7.1 不合格项目分类

检验项目按其对产品质量影响的程度分为 A、B 两类,不合格项目分类见表 5。

表 5 检验项目及不合格分类表

不合格分类		检验项目	对应的质量要求的条款号
类别	序号		
A	1	除芒率	5.1
	2	破损率增值	5.1
	3	噪声	5.1
	4	安全要求	5.2
	5	使用有效度	5.6
B	1	纯工作小时生产率	5.1
	2	除芒后种子温度	5.1
	3	负荷程度	5.1
	4	轴承温升	5.1
	5	装配质量	5.3
	6	外观质量和涂漆质量	5.4
	7	操作方便性	5.5
	8	使用说明书	5.7
	9	三包凭证	5.8
	10	铭牌	5.9

7.2 抽样方法

7.2.1 抽样方案按照 GB/T 2828.11—2008 中表 B.1 的规定执行,见表 6。

表 6 抽样方案

检验水平	O
声称质量水平(DQL)	1
检查总体(N)	10
样本量(n)	1
不合格品限定数(L)	0

7.2.2 采用随机抽样,在生产企业近 6 个月内生产的合格产品中随机抽取 2 台;其中,1 台用于检验,另 1 台备用。由于非质量原因造成试验无法继续进行时,启用备用样机。

7.3 判定规则

7.3.1 对样机的 A、B 各类检验项目进行逐一检验和判定。当 A 类不合格项目为 0,且 B 类不合格项目数不超过 1 时,判定样机为合格;否则,判定样机为不合格。

7.3.2 试验期间,因样机质量原因造成故障,致使试验不能正常进行,应判定样机不合格。

7.3.3 若样机为合格,则判检查总体为通过;若样机为不合格,则判检查总体为不通过。

附 录 A

（规范性附录）

产 品 规 格 表

产品规格表见表 A.1。

表 A.1 产品规格表

序号	项目	单位	规格
1	型号	/	
2	结构型式	/	
3	外形尺寸（长×宽×高）	mm	
4	整机质量	kg	
5	额定生产率	kg/h	
6	电机额定功率	kW	
7	除芒辊转速	r/min	
8	除芒辊直径	mm	

ICS 65.060.99
B 91

中华人民共和国农业行业标准

NY/T 366—2020
代替 NY/T 366—1999

种子分级机　质量评价技术规范

Technical specification of quality evaluation for seed grader

2020-07-27 发布

2020-11-01 实施

中华人民共和国农业农村部 发布

前　言

本标准按照 GB/T 1.1—2009 给出的规则起草。

本标准代替 NY/T 366—1999《种子分级机试验鉴定方法》。与 NY/T 366—1999 相比,除编辑性修改外主要内容变化如下:

——修改了标准名称;

——修改了适用范围(见 1,1999 年版的 1);

——修改了规范性引用文件(见 2,1999 年版的 2);

——增加了术语和定义(见 3);

——增加了基本要求(见 4);

——增加了质量要求(见 5);

——增加了轴承温升的性能指标要求、操作方便性、三包凭证等相关内容(见 5.1、5.5、5.8);

——修改了使用有效度的性能指标、装配质量和外观质量与涂漆质量的判定指标及内容(见 5.6、
5.3、5.4,1999 年版的 4.3.3、4.3.2);

——修改了检验规则(见 7,1999 年版的 6)。

本标准由农业农村部农业机械化管理司提出。

本标准由全国农业机械标准化技术委员会农业机械化分技术委员会(SAC/TC 201/SC 2)归口。

本标准起草单位:农业农村部南京农业机械化研究所、甘肃酒泉奥凯种子机械股份有限公司。

本标准主要起草人:胡志超、谢焕雄、刘敏基、彭宝良、田立佳、张会娟、贾生活、刘晓文、张亮。

本标准所代替标准的历次版本发布情况为:

——NY/T 366—1999。

种子分级机　质量评价技术规范

1　范围

本标准规定了种子分级机的术语和定义、基本要求、质量要求、检测方法和检验规则。

本标准适用于玉米、大豆等种子按照外形尺寸进行分级的种子分级机(以下简称分级机)的质量评定。

本标准不适用于窝眼分级设备。

2　规范性引用文件

下列文件对于本文件的应用是必不可少的。凡是注日期的引用文件,仅注日期的版本适用于本文件。凡是不注日期的引用文件,其最新版本(包括所有的修改单)适用于本文件。

GB/T 2828.11—2008　计数抽样检验程序　第11部分:小总体声称质量水平的评定程序

GB/T 3543.2—1995　农作物种子检验规则　扦样

GB/T 9480　农林拖拉机和机械、草坪和园艺动力机械　使用说明书编写规则

GB 10396　农林拖拉机和机械、草坪和园艺动力机械　安全标志和危险图形　总则

GB/T 12994　种子加工机械术语

GB/T 13306　标牌

GB/T 23821—2009　机械安全　防止上下肢触及危险区的安全距离

JB/T 9832.2—1999　农林拖拉机及机具　漆膜　附着性能测定方法　压切法

3　术语与定义

GB/T 12994界定的及下列术语和定义适用于本文件。

3.1

种子分级机　seed grader

将清选后的种子按其外形尺寸及其他物理特性差异分选为若干等级的设备。

3.2

分级合格率　qualified classification rate

各排料口中分级合格的种子质量占该出口全部种子质量的百分率。

4　基本要求

4.1　质量评价所需的文件资料

对分级机进行质量评价所需提供的文件资料应包括:

a)　产品规格表(见附录A),并加盖企业公章;

b)　企业产品执行标准或产品制造验收技术条件;

c)　产品使用说明书;

d)　产品三包凭证;

e)　产品照片4张(正前方、正后方、左前方45°、右前方45°各1张)。

4.2　主要技术参数核对与测量

依据产品使用说明书、铭牌和其他技术文件,对样机的主要技术参数按表1进行核对或测量。

表1　核测项目与方法

序号	项目	方法
1	型号	核对

表 1（续）

序号	项目		方法
2	结构型式		核对
3	整机外形尺寸(长×宽×高)		测量
4	整机质量		测量
5	电机额定功率		核对
6	筛孔型式		核对
7	筛孔尺寸		测量
8	平面筛	往复运动频率	核对
		振幅	核对
		筛子尺寸(长×宽)	测量
		层数	核对
9	圆筒筛	转速	测量
		圆筒直径	测量
		长度	测量
		圆筒个数	核对

4.3 试验条件

4.3.1 试验场地应满足试验要求,环境温度不低于5℃。

4.3.2 试验电压应在380 V(或220 V)×(1±5)%范围内。

4.3.3 试验物料应满足以下要求:
   a) 在样机设计规定的种子加工种类范围内,选定1种有代表性的种子物料;
   b) 每种试验物料准备的数量应不少于设备2 h的工作量;
   c) 试验用种子物料应经过清选加工,净度不小于98%,含水率不大于14%;
   d) 按GB/T 3543.2—1995要求扦样、分样,并测定物料的原始净度、含水率,测定3次,计算平均值。

4.3.4 试验样机应按照使用说明书安装并调试到正常运转状态。

4.4 主要仪器设备

试验用主要仪器设备应经过计量检定合格或校准,且在有效期内。试验用主要仪器设备的测量范围和准确度要求应不低于表2的规定。

表 2 主要仪器设备测量范围和准确度要求

序号	测量参数	测量范围	准确度要求
1	时间	0 h~24 h	0.5 s
2	质量	0 kg~0.5 kg	0.01 g
		0 kg~5 kg	1 g
		0 kg~100 kg	50 g
		0 kg~5 000 kg	5 kg
3	长度	0 cm~20 cm	0.02 mm
		0 m~5 m	0.5 mm
4	转速	0 r/min~4 000 r/min	1 r/min
5	噪声	30 dB(A)~130 dB(A)	1 dB(A)
6	温度	-50℃~100℃	1℃
7	湿度	0%~100%	5%
8	耗电量	0 kW·h~500 kW·h	1%
9	绝缘电阻	0 MΩ~200 MΩ	10%

5 质量要求

5.1 性能要求

分级机性能应符合表3的规定。

表 3　性能指标要求

序号	项目		单位	质量指标	对应的检测方法条款号
1	纯工作小时生产率		kg/h	≥设计额定值	6.1.2
2	分级合格率		％	≥85	6.1.3
3	千瓦小时生产率	平面筛	kg/(kW·h)	≥2 500	6.1.4
		圆筒筛		≥2 000	
4	噪声	平面筛	dB(A)	≤82	6.1.5
		圆筒筛		≤80	
5	轴承温升		℃	≤25	6.1.6

5.2 安全要求

5.2.1 皮带轮等外露传动件、旋转件应有牢固、可靠的防护装置。防护装置应能保证人体任何部位不会触及转动部件，并不应妨碍机器操作、保养和观察。安全防护距离应符合 GB/T 23821—2009 中 4.2 的规定。

5.2.2 电控柜、电器装置及机体应有标接地符号的接地装置，该装置不应另作其他用途。电器装置应有过载保护装置和漏电保护装置。各电动机接线端子与机体间的绝缘电阻应不小于 1 MΩ。

5.2.3 可能影响人身安全的部位应有符合 GB 10396 规定的安全标志。电控柜应有醒目的防触电安全标志，操作按钮处应有中文文字或符号标明用途的标志。

5.2.4 产品使用说明书中应规定安全操作规程和安全注意事项。

5.3 装配质量

5.3.1 设备空运转平稳、无异常声响。

5.3.2 各紧固件、连接件应牢固可靠且不松动。

5.3.3 各焊接件焊接牢固、焊缝均匀，不应有烧穿、漏焊、脱焊、焊点外溢现象，无焊渣，无锐角。

5.3.4 各运转件应转动灵活、平稳，不应有异常振动、声响及卡滞现象。

5.3.5 不应有漏种、漏油等现象。

5.4 外观质量与涂漆质量

5.4.1 整机表面应平整光滑，不应有碰伤、划痕及制造缺陷。

5.4.2 油漆表面应色泽均匀，不应有露底、流痕、起泡、起皱、流挂现象。

5.4.3 漆膜厚度不小于 45 μm，漆膜附着力应符合 JB/T 9832.2—1999 中表 1 规定的Ⅱ级或Ⅱ级以上要求。

5.5 操作方便性

5.5.1 调节装置应便于操作且灵活可靠。

5.5.2 分级机内部应便于清理，不应有难以清除残留物的死角。

5.5.3 注油口位置应便于操作，易损件更换应方便。

5.6 使用有效度

分级机的使用有效度应不小于97％。

5.7 使用说明书

使用说明书的编制应符合 GB/T 9480 的规定，其内容至少应包括：

a) 工作原理及主要用途；

b) 结构特征及产品特点；

c) 产品执行标准及主要技术参数；

d) 安装、调试和使用方法；

e) 维护与保养说明；

f) 常见故障与排除方法；

g) 安全注意事项；

h) 安全警示标志并明确其粘贴位置；

i) 易损件清单。

5.8 三包凭证

分级机应有三包凭证，至少应包括以下内容：

a) 产品型号规格、购买日期、出厂编号；

b) 制造企业名称、联系地址、电话、邮编；

c) 销售者和维修者的名称、联系地址、电话、邮编；

d) 三包有效期（包括整机三包有效期，主要零部件质量保证期）；

e) 主要零部件清单；

f) 销售记录（包括销售者、销售地点、销售日期、销售发票号码）；

g) 维修记录（包括送修时间、交货时间、送修故障、维修情况、换退货证明）；

h) 不实行三包的情况说明。

5.9 铭牌

5.9.1 应在机具明显位置固定产品铭牌，其型式、材质应符合 GB/T 13306 规定，要求内容齐全、字迹清晰、固定牢靠。

5.9.2 铭牌至少应包括以下内容：

a) 产品名称及型号；

b) 配套动力；

c) 外形尺寸；

d) 整机质量；

e) 产品执行标准；

f) 出厂编号、日期；

g) 制造企业名称、地址。

6 检测方法

6.1 性能试验

6.1.1 试验要求

在试验前样机应空运转 30 min，然后将生产率调整在设计值 100%～110%的水平上，当样机进入稳定工作状态后，开始性能试验。

6.1.2 纯工作小时生产率

在样机的各级排料口同时接取样品，每次时间 30 s，每次间隔不少于 10 min，按式（1）计算纯工作小时生产率，测定 3 次取平均值作为试验结果。

$$E_c = \frac{\sum W}{T_c} \times 3600 \quad \cdots\cdots\cdots\cdots\cdots\cdots\cdots\cdots\cdots\cdots (1)$$

式中：

E_c ——纯工作小时生产率，单位为千克每小时（kg/h）；

$\sum W$ ——各级排料口接取的样品量总和，单位为千克（kg）；

T_c ——测定时间，单位为秒（s）。

6.1.3 分级合格率

按照 GB/T 3543.2—1995 中 6.2.2 的四分法，从每份样品中分别取不少于 1 000 g 的分样进行测定。用标准套筛筛选出各分样的合格籽粒，并按式（2）分别计算各分样的合格率。测定 3 次，取各排料口的分样合格率平均值作为该排料口的分级合格率，以各排料口合格率的最小值作为试验结果。

$$J_{hi} = \frac{G_{hi}}{G_{yi}} \times 100 \quad \cdots\cdots\cdots\cdots\cdots\cdots\cdots\cdots\cdots\cdots\cdots\cdots\cdots\cdots\cdots\cdots\cdots\cdots \quad (2)$$

式中：

J_{hi}——第 i 等级排料口分级合格率，单位为百分号（%）；

i ——1,2,3,…；

G_{hi}——第 i 等级排料口测定样品中合格籽粒质量，单位为克（g）；

G_{yi}——第 i 等级排料口测定样品中籽粒质量，单位为克（g）。

6.1.4 千瓦小时生产率

与6.1.2试验同时进行，记录测量整个试验过程的试验时间和耗电量，按式（3）计算。试验结果取平均值。

$$E_d = \frac{E_c \times T}{D} \quad \cdots\cdots\cdots\cdots\cdots\cdots\cdots\cdots\cdots\cdots\cdots\cdots\cdots\cdots\cdots\cdots\cdots\cdots\cdots \quad (3)$$

式中：

E_d——千瓦小时生产率，单位为千克每千瓦时[kg/(kW·h)]；

T ——测定时间，单位为小时（h）；

D ——测定时间的耗电量，单位为千瓦时（kW·h）。

6.1.5 噪声

6.1.5.1 分级机周围不应放置障碍物，与墙壁的距离应大于2 m。沿分级机周围测量表面矩形每一边的中点作为测量点，共4点。将测试仪器置于水平位置，传声器面向噪声源，传声器距离地面高度为1.5 m，与分级机表面距离为1 m（按基准体表面计），用慢挡进行测量。试验前，测量试验环境背景噪声。噪声测量与6.1.2试验同时进行，每点测3次，取各点噪声的平均值为该点测定结果，取各点噪声值中的最大值作为测定结果。

6.1.5.2 背景噪声应比工作噪声测量值低10 dB(A)以上。若不能满足此规定，当每个测点上测量的A声级噪声值与背景噪声的A声级之差小于3 dB(A)时，测量结果无效；当每个测点上测量的A声级噪声值与背景噪声的A声级之差高于10 dB(A)时，则本底噪声的影响忽略不计；当每个测点上测量的A声级噪声值与背景噪声的A声级之差在3 dB(A)~10 dB(A)时，则应按表4进行修正。

表4 噪声修正值

平均噪声值与背景噪声值差值,dB(A)	3	4~5	6~8	9~10	>10
噪声修正值,dB(A)	3	2	1	0.5	0

6.1.6 轴承温升

空运转试验前，分别测定各处轴承温度。样机性能试验结束停机前，再分别测定轴承温度。每处测量3点，取3点平均值为该处温度值，计算各处轴承温升，取各处轴承温升的最大值为测定结果。

6.2 安全要求

按5.2要求逐条检查是否符合要求。其中一项不合格，则该项目不合格。

6.3 装配质量

在试验过程中，按5.3要求逐条检查是否符合要求。其中一项不合格，则该项目不合格。

6.4 外观质量与涂漆质量

用目测法检查是否符合5.4.1、5.4.2要求，在分级机涂漆表面任选3处，用测厚仪测量漆膜厚度，以最小值为测试结果；并按JB/T 9832.2—1999的规定检查漆膜附着力是否符合5.4.3的要求。其中一项不合格，则该项目不合格。

6.5 操作方便性

按5.5要求逐条检查是否符合要求。其中一项不合格，则该项目不合格。

6.6 使用有效度

对样机进行不少于300 h的可靠性试验,记录试验期间的故障时间和作业时间,按式(4)计算使用有效度。如果发生导致机具功能完全丧失、危及作业安全、造成人身伤亡或重大经济损失的重大质量故障,以及主要零部件或重要总成损坏、报废,导致功能严重下降、难以正常作业,试验不再继续进行,有效度考核结果不合格。

$$K = \frac{\sum T_z}{\sum T_z + \sum T_g} \times 100 \quad \cdots\cdots\cdots\cdots\cdots\cdots\cdots\cdots (4)$$

式中:

K ——使用有效度,单位为百分号(%);

T_z ——生产考核期间的作业时间,单位为小时(h);

T_g ——生产考核期间的故障时间,单位为小时(h)。

6.7 使用说明书

按5.7要求逐项检查是否符合要求。其中任一项不合格,则该项目不合格。

6.8 三包凭证

按5.8要求逐项检查是否符合要求。其中任一项不合格,则该项目不合格。

6.9 铭牌

按5.9要求逐项检查是否符合要求。其中任一项不合格,则该项目不合格。

7 检验规则

7.1 不合格项目分类

检验项目按其对产品质量影响的程度分为A、B两类,不合格项目分类见表5。

表5 检验项目及不合格分类表

不合格分类		检验项目	对应的质量要求的条款号
类别	序号		
A	1	安全要求	5.2
	2	分级合格率	5.1
	3	千瓦小时生产率	5.1
	4	噪声	5.1
	5	使用有效度	5.6
B	1	纯工作小时生产率	5.1
	2	轴承温升	5.1
	3	装配质量	5.3
	4	外观质量与涂漆质量	5.4
	5	操作方便性	5.5
	6	使用说明书	5.7
	7	三包凭证	5.8
	8	铭牌	5.9

7.2 抽样方法

7.2.1 抽样方案应按照GB/T 2828.11—2008中表B.1的规定执行,见表6。

表6 抽样方案

检验水平	O
声称质量水平(DQL)	1
检查总体(N)	10
样本量(n)	1
不合格品限定数(L)	0

7.2.2 采用随机抽样,在生产企业近6个月内生产的合格产品中随机抽取2台;其中,1台用于检验,另1台备用。由于非质量原因造成试验无法继续进行时,启用备用样机。

7.3 判定规则

7.3.1 对样机的A、B类检验项目逐项进行考核和判定。当A类不合格项目数为0(即A=0)、B类不合格项目数不超过1(即B≤1),判定样机为合格品;否则,判定样机为不合格品。

7.3.2 试验期间,因样机质量原因造成故障,致使试验不能正常进行,应判定产品不合格。

7.3.3 若样机为合格则判为通过;若样机为不合格则判为不通过。

附　录　A
（规范性附录）
产 品 规 格 表

产品规格表见表 A.1。

表 A.1　产品规格表

序号	项目		单位	设计值
1	型号		/	
2	结构型式		/	
3	整机外形尺寸(长×宽×高)		mm	
4	整机质量		kg	
5	配套动力		kW	
6	筛孔型式		/	
7	筛孔尺寸		mm	
8	平面筛	往复运动频率	Hz	
		振幅	mm	
		筛子尺寸(长×宽)	mm	
		层数	层	
9	圆筒筛	转速	r/min	
		圆筒直径	mm	
		长度	mm	
		圆筒个数	个	

ICS 65.060.99
B 91

中华人民共和国农业行业标准

NY/T 375—2020
代替 NY/T 375—1999

种子包衣机 质量评价技术规范

Technical specification of quality evaluation for seed coating machine

2020-07-27 发布

2020-11-01 实施

中华人民共和国农业农村部 发布

前　言

本标准按照 GB/T 1.1—2009 给出的规则起草。

本标准代替 NY/T 375—1999《种子包衣机试验鉴定方法》。与 NY/T 375—1999 相比,除编辑性修改外主要内容变化如下:

——修改了标准名称;

——修改了适用范围(见 1,1999 年版的 1);

——删除了引用标准(见 1999 年版的 2);

——增加了规范性引用文件(见 2);

——删除了整机技术参数测定、质量指标、试验方法(见 1999 年版的 3、4、5);

——增加了种子包衣机、破损率增值、包衣合格率术语和定义(见 3.1、3.2、3.3);

——增加了基本要求、质量要求、检测方法(见 4、5、6);

——修改了试验条件(见 4.3,1999 年版的 5.2);

——增加了纯工作小时生产率、破损率增值、种衣剂喂入量变异系数、种子喂入量变异系数性能指标及其检测方法(见 5.1、6.1.2.1、6.1.2.2、6.1.2.3);

——修改了种衣剂与种子配比调节范围、千瓦小时生产率性能指标及其检测方法(见 5.1、6.1.2.4、6.1.2.6,1999 年版的 4.3.1、5.4.5、5.9.2.3.3);

——删除了安全检查(见 1999 年版的 4.3.5);

——增加了安全要求、外观质量和涂漆质量、操作方便性、使用说明书等项及其检查项(见 5.2、5.4、5.5、5.7);

——修改了使用有效度、包衣合格率、噪音、轴承温升检测方法(见 6.6、6.1.2.5、6.1.2.7、6.1.2.8、1999 年版的 5.9.2.3.1、5.4.6、5.5、5.6);

——修改了检验规则(见 7,1999 年版的 6);

——增加了抽样方法(见 7.2)。

本标准由农业农村部农业机械化管理司提出。

本标准由全国农业机械标准化技术委员会农业机械化分技术委员会(SAC/TC 201/SC 2)归口。

本标准起草单位:农业农村部南京农业机械化研究所、甘肃酒泉奥凯种子机械股份有限公司。

本标准主要起草人:胡志超、谢焕雄、张会娟、田立佳、刘敏基、贾峻、付秋峰、张小仪。

本标准所代替标准的历次版本发布情况为:

——NY/T 375—1999。

种子包衣机 质量评价技术规范

1 范围

本标准规定了种子包衣机质量评价的术语和定义、基本要求、质量要求、检测方法和检验规则。

本标准适用于包衣处理玉米、小麦、水稻、大豆等种子的种子包衣机质量评定。

2 规范性引用文件

下列文件对于本文件的应用是必不可少的。凡是注日期的引用文件,仅注日期的版本适用于本文件。凡是不注日期的引用文件,其最新版本(包括所有的修改单)适用于本文件。

GB/T 2828.11—2008 计数抽样检验程序 第11部分:小总体声称质量水平的评定程序

GB/T 3543.2—1995 农作物种子检验规程 扦样

GB/T 9480 农林拖拉机和机械、草坪和园艺动力机械 使用说明书编写规则

GB 10396 农林拖拉机机械、草坪和园艺动力机械 安全标志和危险图形 总则

GB/T 13306 标牌

GB/T 23821—2009 机械安全 防止上下肢触及危险区的安全距离

JB/T 9832.2—1999 农林拖拉机及机具 漆膜 附着性能测定方法 压切法

3 术语和定义

下列术语和定义适用于本文件。

3.1

种子包衣机 seed coater

将种衣剂包敷于种子外表面上的机具。

3.2

破损率增值 increase in percentage of damaged seed

在不加种衣剂的条件下,种子包衣机排料口和进料口种子破损率的差值。

3.3

包衣合格率 passing percent of coating

包衣合格的种子粒数占包衣种子总粒数的百分率。

4 基本要求

4.1 质量评价所需的文件资料

对种子包衣机进行质量评价需提供的文件资料应包括:

a) 产品规格表(见附录A),并加盖制造企业公章;

b) 企业产品执行标准;

c) 产品使用说明书;

d) 产品三包凭证;

e) 产品照片4张(正前方、正后方、左前方45°、右前方45°各1张)。

4.2 主要技术参数核对与测量

依据产品使用说明书、铭牌和企业提供的其他技术文件,对样机的主要技术参数按表1的要求进行核对或测量。

表1 核测项目与方法

序号	项目	方法
1	型号	核对
2	结构型式	核对
3	外形尺寸(长×宽×高)	测量
4	整机质量	测量
5	电机额定功率	核对
6	药桶容量	测量
7	搅拌部件转速	测量
8	搅拌部件直径	测量
9	液泵类型	核对

4.3 试验条件

4.3.1 试验场地应满足样机的试验要求。

4.3.2 试验环境温度 5℃～35℃,相对湿度不大于70%。

4.3.3 试验电压应在 380 V(或 220 V)×(1±5)%范围内。

4.3.4 选用经过精选分级后的玉米种子进行试验,试验用种衣剂应为适宜于玉米种子包衣的常用种衣剂。试验物料准备量应满足样机在额定生产率下 2 h 以上的加工量。

4.3.5 试验样机应按产品使用说明书要求安装,并调试到正常运转状态。

4.4 主要仪器设备

试验用仪器设备应经过计量检定合格或校准且在有效期内。仪器设备的测量范围和准确度要求应不低于表2的规定。

表2 主要仪器设备测量范围和准确度要求

序号	测量参数名称	测量范围	准确度要求
1	时间	0 h～24 h	0.5 s
2	质量	0 kg～0.2 kg	0.001 g
		0 kg～0.5 kg	0.01 g
		0 kg～5 kg	1 g
		0 kg～100 kg	50 g
		0 kg～5 000 kg	5 kg
3	长度	0 m～5 m	1 mm
4	转速	0 r/min～4 000 r/min	1 r/min
5	温度	−50℃～100℃	1℃
6	湿度	0～100%	5%
7	噪声	30 dB(A)～130 dB(A)	1 dB(A)
8	耗电量	0 kW·h～5 000 kW·h	1%
9	绝缘电阻	0 MΩ～200 MΩ	10%

5 质量要求

5.1 性能要求

种子包衣机的性能指标应符合表3的规定。

表3 性能指标要求

序号	项目	质量指标	对应的检测方法条款号
1	纯工作小时生产率,kg/h	≥设计额定值	6.1.2.1
2	破损率增值,%	≤0.1	6.1.2.2
3	种衣剂喂入量变异系数,%	≤2.5	6.1.2.3
4	种子喂入量变异系数,%	≤2.5	6.1.2.3

表 3（续）

序号	项目	质量指标		对应的检测方法条款号
5	种衣剂与种子配比调节范围	达到企业明示范围		6.1.2.4
6	包衣合格率,%	≥95		6.1.2.5
7	千瓦小时生产率,kg/(kW·h)	不含空压机	≥2 000(连续搅龙式)	6.1.2.6
			≥3 000(连续滚筒式)	
			≥400（批次式）	
8	噪声,dB(A)	≤85		6.1.2.7
9	轴承温升,℃	≤25		6.1.2.8

5.2 安全要求

5.2.1 皮带轮等外露传动件、旋转部件应有牢固、可靠的防护装置。安全防护罩应能保证人体任何部位不会触及转动部件,并不应妨碍机器操作、保养和观察。安全防护距离应符合 GB/T 23821—2009 中 4.2 的规定。

5.2.2 电控柜等电器装置应有过载保护和漏电保护装置。电动机应有接地装置,接地装置应有接地符号且不应另作其他用途。各电动机接线端子与机体间的绝缘电阻应不小于 20 MΩ。

5.2.3 可能影响人身安全的部位应有符合 GB 10396 规定的安全标志。电控柜应有醒目的防触电安全标志,操作按钮处应有中文文字或符号标志,明示用途。

5.2.4 产品使用说明书应规定安全操作规程、安全注意事项。安全标志及其粘贴位置应在产品使用说明书中再现。

5.3 装配质量

5.3.1 种子包衣机空运转平稳、无异常声响。

5.3.2 各紧固件、连接件应牢固可靠,且不松动。

5.3.3 各焊接件焊缝均匀牢靠,不应烧穿、漏焊脱焊,焊点外溢金属经清理无锐角。

5.3.4 各运转件应转动灵活、平稳,不应有异常震动、声响及卡滞现象。

5.3.5 不应有漏种、漏药、漏油等现象。

5.4 外观质量与涂漆质量

5.4.1 种子包衣机表面应平整光滑,不应有碰伤、划痕及制造缺陷。

5.4.2 油漆表面应色泽均匀,不应有露底、起泡、起皱、流挂现象。

5.4.3 漆膜厚度不小于 45 μm,漆膜附着力应符合 JB/T 9832.2—1999 中表 1 规定的 Ⅱ 级或 Ⅱ 级以上要求。

5.5 操作方便性

5.5.1 调整装置位置应便于操作,调节装置应灵活可靠。

5.5.2 机器内部清理应方便,不得有难以清除残留物的死角。

5.5.3 注油口便于操作,易损件更换方便。

5.6 使用有效度

种子包衣机的使用有效度不小于 98%。

5.7 使用说明书

产品使用说明书的编制应符合 GB/T 9480 的规定,至少应包括以下内容:

a) 工作原理及主要用途;

b) 结构特征及产品特点;

c) 产品执行标准及主要技术参数;

d) 安装、调试和使用方法;

e) 维护与保养说明;

f) 常见故障与排除方法；

g) 安全注意事项；

h) 易损件清单；

i) 制造企业名称、地址、电话、邮编。

5.8 三包凭证

种子包衣机应有三包凭证,至少应包括以下内容：

a) 产品型号规格、购买日期、出厂编号；

b) 制造企业名称、地址、电话、邮编；

c) 销售者和维修者的名称、地址、电话、邮编；

d) 整机三包有效期(不低于 1 年)；

e) 主要零部件名称和质量保证期(不低于 1 年)；

f) 易损件及其他零部件和质量保证期；

g) 主要零部件清单；

h) 销售记录(包括销售者、销售地点、销售日期、销售发票号码)；

i) 维修记录(包括送修时间、交货时间、送修故障、维修情况、换退货证明)；

j) 不实行三包的情况说明。

5.9 铭牌

5.9.1 在种子包衣机明显位置设置产品铭牌,其型式、材质应符合 GB/T 13306 的规定,固定牢靠。

5.9.2 铭牌至少包括以下内容：

a) 产品名称及型号；

b) 电机额定功率；

c) 外形尺寸；

d) 整机质量；

e) 产品执行标准；

f) 出厂编号、生产日期；

g) 制造企业名称、地址。

6 检测方法

6.1 性能试验

6.1.1 试验准备

在性能试验前样机先空运转 30 min,然后将生产率调整在设计值 100%～110%的水平上,样机进入稳定工作状态下后,开始性能试验,首次取样应在样机稳定工作 5 min 后进行。

6.1.2 性能测定

6.1.2.1 纯工作小时生产率

a) 批次式种子包衣机。样机正常运转后,记录批次包衣的起止时间,称出排料口排出物料的质量,按式(1)计算纯工作小时生产率,取 3 次测试结果平均值作为试验结果。

$$E_{cl} = \frac{G_1}{T_1} \times 3600 \quad \cdots\cdots\cdots\cdots\cdots\cdots\cdots\cdots\cdots\cdots\cdots \quad (1)$$

式中：

E_{cl}——纯工作小时生产率,单位为千克每小时(kg/h)；

G_1——排料口接取的种子质量,单位为千克(kg)；

T_1——批次的纯工作时间,单位为秒(s)。

b) 连续式种子包衣机。样机正常运转后,从排料口计时接料,每次取样时间 30 s,按式(2)计算纯工作小时生产率,取 3 次测试结果平均值作为试验结果。

$$E_{c2} = \frac{G_2}{T_2} \times 3600 \quad \cdots\cdots\cdots\cdots\cdots\cdots\cdots\cdots\cdots\cdots\cdots\cdots (2)$$

式中：

E_{c2}——纯工作小时生产率，单位为千克每小时(kg/h)；

G_2——排料口记时接取的种子质量，单位为千克(kg)；

T_2——排料口记时接料时间，单位为秒(s)。

6.1.2.2 破损率增值

a) 原料种子破损率。按 GB/T 3543.2—1995 规定对包衣前种子喂料口随机取样 3 次，每次取样不小于供试品种千粒重的 10 倍，以手工方式拣出破损籽粒(压扁、破碎、明显残缺及裂痕的种子)称重，按式(3)计算包衣前种子破损率，取 3 次测试结果平均值作为试验结果。

$$P_u = \frac{G_p}{G_z} \times 100 \quad \cdots\cdots\cdots\cdots\cdots\cdots\cdots\cdots\cdots\cdots\cdots (3)$$

式中：

P_u——包衣前种子破损率，单位为百分号(%)；

G_p——包衣前样品中破损的种子质量，单位为克(g)；

G_z——包衣前样品总质量，单位为克(g)。

b) 种子破损率、破损率增值。在额定生产率、不加种衣剂的工况下，在种子包衣机种子排料口取样 3 次，每次取样不小于供试品种千粒重的 10 倍，以手工方式拣出破损籽粒(压扁、破碎、明显残缺及裂痕的种子)，称重并按式(4)计算种子包衣机排料口种子破损率，并取 3 次测试结果平均值作为试验结果。按式(5)计算破损率增值。

$$P_j = \frac{G_{hp}}{G_{hz}} \times 100 \quad \cdots\cdots\cdots\cdots\cdots\cdots\cdots\cdots\cdots\cdots (4)$$

式中：

P_j——种子包衣机排料口种子破损率，单位为百分号(%)；

G_{hp}——种子包衣机排料口样品中破损的种子质量，单位为克(g)；

G_{hz}——种子包衣机排料口样品总质量，单位为克(g)。

$$\Delta P = P_j - P_u \quad \cdots\cdots\cdots\cdots\cdots\cdots\cdots\cdots\cdots\cdots\cdots\cdots (5)$$

式中：

ΔP——破损率增值。

6.1.2.3 种衣剂喂入量变异系数、种子喂入量变异系数

在额定生产率工况下，将种衣剂的喂入量与种子的喂入量比值调至最大和最小，分别在药箱排料口和种子排料口接取样品 11 次，每次取样时间不少于 10 s，取样间隔时间不少于 15 s，称出每份样品的质量，按式(6)、式(7)、式(8)、式(9)分别计算种衣剂喂入量及其平均值、种子喂入量及其平均值、标准差以及种衣剂喂入量的变异系数、种子喂入量的变异系数，取变异系数最大值作为试验结果。

$$Q_i = \frac{Q_{yi}}{T_i} \quad \cdots\cdots\cdots\cdots\cdots\cdots\cdots\cdots\cdots\cdots\cdots\cdots (6)$$

式中：

Q_i——种衣剂喂入量或种子喂入量，单位为克每秒(g/s)或千克每秒(kg/s)；

Q_{yi}——种衣剂样品质量或种子样品质量，单位为克(g)或千克(kg)；

T_i——取样时间，单位为秒(s)。

$$\overline{Q} = \frac{\sum_{i=1}^{11} Q_i}{11} \quad \cdots\cdots\cdots\cdots\cdots\cdots\cdots\cdots\cdots\cdots (7)$$

式中：

$\overline{Q}$——种衣剂喂入量平均值或种子喂入量平均值，单位为克每秒(g/s)或千克每秒(kg/s)。

$$S = \sqrt{\frac{\sum\limits_{i=1}^{11}(Q_i - \overline{Q})^2}{11-1}} \quad \text{..............................} (8)$$

式中：

S——标准差。

$$C_v = \frac{S}{\overline{Q}} \times 100 \quad \text{..............................} (9)$$

式中：

C_v——变异系数，单位为百分号（%）。

6.1.2.4 种衣剂与种子配比调节范围的测定

在额定生产率工况下，将种衣剂喂入量分别调至最大和最小，分别在药箱排料口、种子排料口同时测定一定时间内（5 min 以上）种子和种衣剂的喂入总量，测 3 次，按式（10）计算种衣剂与种子配比，取 3 次测试结果平均值作为试验结果。

$$r = \frac{Q_p}{G_{pz}} \times 100 \quad \text{..............................} (10)$$

式中：

r ——种衣剂与种子配比，单位为百分号（%）；

Q_p ——种衣剂的样品质量，单位为千克（kg）；

G_{pz}——种子的样品质量，单位为千克（kg）。

6.1.2.5 包衣合格率

在额定生产率工况下，药种比按实际生产配比进行种子包衣，按 GB/T 3543.2—1995 的规定分别取样 3 次，每次不少于 100 g，从每份样品中分出 200 粒试样用 5 倍放大镜观察每粒试样表面，分出种衣剂包敷的种子面积大于或等于 80% 的和小于 80% 的两类。按式（11）计算，取 3 次合格率平均值作为试验结果。

$$J_i = \frac{Z_d}{Z_x + Z_d} \times 100 \quad \text{..............................} (11)$$

式中：

J_i ——包衣合格率，单位为百分号（%）；

Z_d——种衣剂包敷的种子面积大于或等于 80% 的种子粒数，单位为粒；

Z_x——种衣剂包敷的种子面积小于 80% 的种子粒数，单位为粒。

6.1.2.6 千瓦小时生产率

在额定生产率工况下，种子包衣机稳定工作 5 min 后，测量整个试验过程的试验时间和耗电量，按式（12）、式（13）计算。

$$E_{d1} = \frac{E_{c1} \times T}{D} \quad \text{..............................} (12)$$

$$E_{d2} = \frac{E_{c2} \times T}{D} \quad \text{..............................} (13)$$

式中：

E_{d1}——批次式种子包衣机千瓦小时生产率，单位为千克每千瓦时[kg/(kW·h)]；

E_{d2}——连续式种子包衣机千瓦小时生产率，单位为千克每千瓦时[kg/(kW·h)]；

T ——测定时间，单位为小时（h）；

D ——测定时间的耗电量，单位为千瓦时（kW·h）。

6.1.2.7 噪声

6.1.2.7.1 种子包衣机周围不应放置障碍物，与墙壁的距离应大于 2 m。将测试仪器置于水平位置，传声器面向噪声源，传声器距离地面高度为 1.5 m，与种子包衣机表面距离为 1 m（按基准体表面计），用慢挡进行测量。测量点不少于 4 点，沿种子包衣机周围测量表面矩形每一边的中点。噪声正式测定前，应测量试验环境的背景噪声。每点测 3 次,取其平均值作为该点的试验结果,各点噪声值中的最大值作为种子包衣机试验结果。

6.1.2.7.2 背景噪声应比工作噪声测量值低 10 dB(A)以上。若不能满足此规定,当每个测点上测量的 A 声级噪声值与背景噪声的 A 声级之差小于 3 dB(A)时,测量结果无效;当每个测点上测量的 A 声级噪声值与背景噪声的 A 声级之差高于 10 dB(A)时,则本底噪声的影响忽略不计;当每个测点上测量的 A 声级噪声值与背景噪声的 A 声级之差在 3 dB(A)~10 dB(A)时,则应按表 4 进行修正。

表 4 噪声修正值

平均噪声值与背景噪声值差值,dB(A)	3	4~5	6~8	9~10	>10
噪声修正值,dB(A)	3	2	1	0.5	0

6.1.2.8 轴承温升

空机运转前,分别测定各处轴承温度。种子包衣机性能试验结束停机前,再分别测定轴承温度。每处测量 3 次,取 3 次平均值为该处温度值,计算各轴承温升,取各轴承温升的最大值为测定结果。

6.2 安全要求

按 5.2 的规定逐项检查是否符合要求。其中一项不合格,则该项目不合格。

6.3 装配质量

按 5.3 的规定检查是否符合要求。其中一项不合格,则该项目不合格。

6.4 外观质量和涂漆质量

用目测法检查是否符合 5.4.1、5.4.2 要求,在种子包衣机涂漆表面任选 3 处,用测厚仪测量漆膜厚度,以最小值为测试结果;并按 JB/T 9832.2—1999 的规定进行检查漆膜附着力是否符合 5.4.3 的要求。其中一项不合格,则该项目不合格。

6.5 操作方便性

按 5.5 的要求逐项检查是否符合要求。其中一项不合格,则该项目不合格。

6.6 使用有效度

对种子包衣机进行不少于 100 h 的可靠性试验,记录试验期间的故障时间和作业时间,按式(14)计算使用有效度。如果发生导致机具功能完全丧失、危及作业安全、造成人身伤亡或重大经济损失的重大质量故障,以及主要零部件或重要总成(如包衣搅拌部件等)损坏、报废,导致功能严重下降、难以正常作业,试验不再继续进行,有效度考核结果不合格。

$$K = \frac{\sum T_z}{\sum T_z + \sum T_g} \times 100 \quad\cdots\cdots\cdots\cdots\cdots\cdots\cdots\cdots\cdots\cdots (14)$$

式中:

K ——使用有效度,单位为百分号(%);

T_z ——生产考核期间的作业时间,单位为小时(h);

T_g ——生产考核期间的故障时间,单位为小时(h)。

6.7 使用说明书

审查使用说明书是否符合本 5.7 要求。其中一项不合格,则该项目不合格。

6.8 三包凭证

审查产品三包凭证是否符合 5.8 要求。其中一项不合格,则该项目不合格。

6.9 铭牌

审查铭牌是否符合 5.9 要求。其中一项不合格,则该项目不合格。

7 检验规则

7.1 不合格项目分类

检验项目按其对产品质量影响的程度分为 A、B 两类,不合格项目分类见表 5。

表 5 检验项目及不合格分类表

项目分类	序号	检验项目	对应质量要求的条款号
A	1	包衣合格率	5.1
	2	破损率增值	5.1
	3	千瓦小时生产率	5.1
	4	噪声	5.1
	5	安全要求	5.2
	6	使用有效度	5.6
B	1	纯工作小时生产率	5.1
	2	种衣剂喂入量变异系数	5.1
	3	种子喂入量变异系数	5.1
	4	种衣剂和种子配比调节范围	5.1
	5	轴承温升	5.1
	6	装配质量	5.3
	7	外观质量和涂漆质量	5.4
	8	操作方便性	5.5
	9	使用说明书	5.7
	10	三包凭证	5.8
	11	铭牌	5.9

7.2 抽样方法

7.2.1 抽样方案应按照 GB/T 2828.11—2008 中表 B.1 的规定执行,见表 6。

表 6 抽样方案

检验水平	O
声称质量水平(DQL)	1
检查总体(N)	10
样本量(n)	1
不合格品限定数(L)	0

7.2.2 采用随机抽样,在生产企业近 6 个月内生产的合格产品中随机抽取 2 台;其中 1 台用于检验,另 1 台备用。由于非质量原因造成试验无法继续进行时,启用备用样机。

7.3 判定规则

7.3.1 对样机的 A、B 各类检验项目进行逐一检验和判定。当 A 类不合格项目为 0,且 B 类不合格项目数不超过 1 时,判定样机为合格;否则,判定样机为不合格。

7.3.2 试验期间,因样机质量原因造成故障,致使试验不能正常进行,应判定样机不合格。

7.3.3 若样机为合格,则判检查总体为通过;若样机为不合格,则判检查总体为不通过。

附 录 A

（规范性附录）

产 品 规 格 表

产品规格表见表 A.1。

表 A.1 产品规格表

序号	项目	单位	设计值
1	型号	/	
2	结构型式	/	
3	外形尺寸(长×宽×高)	mm	
4	整机质量	kg	
5	电机额定功率	kW	
6	药桶容量	m³	
7	搅拌部件转速	r/min	
8	搅拌部件直径	mm	
9	液泵类型	/	

ICS 65.060.20
B 91

中华人民共和国农业行业标准

NY/T 507—2020
代替 NY/T 507—2002

耙浆平地机 质量评价技术规范

Technical specification of quality evaluation for harrowing and
flating paddy field machine

2020-07-27 发布

2020-11-01 实施

中华人民共和国农业农村部 发布

前　言

本标准按照 GB/T 1.1—2009 给出的规则起草。

本标准代替 NY/T 507—2002《驱动型耙浆平地机　技术条件》。与 NY/T 507—2002 相比,除编辑性修改外主要内容变化如下:

——标准名称修改为《耙浆平地机　质量评价技术规范》;

——修改了范围(见 1,2002 年版的 1);

——删除了型号表示方法(见 2002 年版的 4);

——增加了基本要求(见 4);

——删除了主要技术规格(见 2002 年版的 5.1.1);

——修改了耙深、地表平整度和使用可靠性指标要求(见 5.1,2002 年版的 5.1.1);

——修改了安全标志(见 5.2.3,2002 年版的 5.6);

——修改了空运转试验(见 5.3.2,2002 年版的 5.5.1);

——删除了标志与包装(见 2002 年版的 7);

——删除了运输和储存(见 2002 年版的 8)。

本标准由农业农村部农业机械化管理司提出。

本标准由全国农业机械标准化技术委员会农业机械化分技术委员会(SAC/TC 201/SC 2)归口。

本标准起草单位:黑龙江省农业机械工程科学研究院、黑龙江省水田机械化研究所、吉林富尔农机装备有限公司。

本标准主要起草人:靳晓燕、孙士明、陶继哲、李会荣、孙百惠、吕海杰、吴景文、张金伟、庞爱国、于晓波、程亨曼、杨华、张德晞。

本标准所代替标准的历次版本发布情况为:

——NY/T 507—2002。

耙浆平地机 质量评价技术规范

1 范围

本标准规定了耙浆平地机的术语和定义、基本要求、质量要求、检测方法和检验规则。

本标准适用于耙浆平地机(以下简称耙浆机)的质量评价。

2 规范性引用文件

下列文件对于本文件的应用是必不可少的。凡是注日期的引用文件,仅注日期的版本适用于本文件。凡是不注日期的引用文件,其最新版本(包括所有的修改单)适用于本文件。

GB/T 2828.11—2008 计数抽样检验程序 第 11 部分:小总体声称质量水平的评定程序

GB/T 3098.1 紧固件机械性能 螺栓、螺钉和螺柱

GB/T 3098.2 紧固件机械性能 螺母

GB/T 5667 农业机械 生产试验方法

GB/T 9480 农林拖拉机和机械、草坪和园艺动力机械 使用说明书编写规则

GB 10395.1 农林机械 安全 第 1 部分:总则

GB 10395.5 农林机械 安全 第 5 部分:驱动式耕作机械

GB 10396 农林拖拉机与机械、草坪和园艺动力机械 安全标志和危险图形 总则

GB/T 13306 标牌

JB/T 5673 农林拖拉机及机具涂漆 通用技术条件

JB/T 9832.2 农林拖拉机及机具 漆膜 附着性能测定方法 压切法

3 术语和定义

下列术语和定义适用于本文件。

3.1

耙浆平地机 harrowing and flating paddy field machine

可在经水浸泡后的田地完成碎土、耙浆、压茬、平地联合作业的机具。

4 基本要求

4.1 质量评价所需文件资料

对耙浆机进行质量评价所需文件资料应包括:

a) 产品规格表(见附录 A);

b) 企业产品执行标准或产品制造验收技术条件;

c) 产品使用说明书;

d) 产品三包凭证;

e) 产品照片 4 张(正前方、正后方、正前方两侧 45°各一张),产品标牌照片一张。

4.2 主要技术参数核对与测量

依据产品使用说明书、标牌和其他技术文件,对样机的主要技术参数按表 1 进行核对或测量。

表 1 核测项目与方法

序号	核测项目	单位	方法
1	产品型号、名称	/	核对
2	外形尺寸	cm	测量

表1（续）

序号	核测项目	单位	方法
3	配套动力	kW	核对
4	作业幅宽	m	核对
5	整机重量	kg	核对
6	刀辊最大回转半径	mm	核对
7	刀片数量	个	核对

4.3 试验条件

4.3.1 试验样机应为企业生产且检验合格的产品,试验样机和配套动力应符合使用说明书要求,并调整到正常工作状态。

4.3.2 试验地应灌水浸泡不少于 3 d,田面水深 2 cm～5 cm,泥脚深度不大于 30 cm;其长度应不小于 30 m,宽度应不小于作业幅宽的 8 倍。

4.4 主要仪器设备

试验用仪器设备应经过计量检定或校准且在有效期内,仪器设备的测量范围和准确度要求应不低于表2的规定。

表2 主要仪器设备测量范围和准确度要求

序号	被测参数名称		测量范围	准确度要求
1	长度		0 m～50 m	2 mm
			0 mm～500 mm	1 mm
2	质量	清洁度样品称重	0 mg～2 000 mg	1 mg
		其他样品称重	0 kg～1 000 kg	5 g
3	时间		0 h～24 h	0.5 s/d
4	温度		0℃～100℃	1℃

5 质量要求

5.1 性能要求

耙浆机的主要性能指标应符合表3的规定。

表3 主要性能指标要求

序号	项目	质量指标	对应的检验方法条款号
1	耙浆深度,cm	≥10	6.1.1
2	耙浆深度稳定性系数,%	≥85	6.1.1
3	地表平整度,cm	≤5	6.1.2
4	碎土率,%	≥80	6.1.3
5	植被覆盖率,%	≥70	6.1.4

5.2 安全要求

5.2.1 对操作人员有危险的外露传动件(万向节传动轴、动力输入轴、链条等)应有可靠的安全防护装置,防护装置应符合 GB 10395.1 的规定。

5.2.2 工作部件的防护装置应符合 GB 10395.5 的规定。

5.2.3 在机器危险部位应固定安全标志,安全标志应符合 GB 10396 的规定,标志描述如下:
   a) 接近动力传动轴可能造成伤害;
   b) 接近刀辊可能造成伤害;
   c) 机器运转时应保持安全距离;
   d) 使用前应详细阅读使用说明书;
   e) 使用前应检查耙浆刀的紧固状况,齿轮箱和润滑部位加注润滑油;

f) 保养时,切断动力,并可靠支撑机器。

5.2.4 运输间隙应不小于 300 mm。

5.3 装配、涂漆和外观质量

5.3.1 刀辊半径变动量应不大于 10 mm。

5.3.2 耙浆机在刀辊工作转速范围内进行 30 min 空运转试验,应符合下列要求:

——运转中传动系统不得有异常响声;

——空运转扭矩,耙浆机动力输入轴的空运转扭矩应不大于 15 N·m;

——油温,箱体内润滑油的温升不得超过 25℃;

——密封性,箱体静结合面和动结合面均不得漏油;

——传动箱清洁度,传动箱中铁屑等杂物干重不应超过 200 mg。

5.3.3 主要紧固件的强度等级:螺栓、螺钉机械性能应不低于 GB/T 3098.1 中规定的 8.8 级,螺母应不低于 GB/T 3098.2 中规定的 8 级;主要紧固件的拧紧力矩应符合表 4 的规定。

表 4 紧固件拧紧力矩

公称直径 mm	拧紧力矩 N·m	
	最小值	最大值
8	14	19
10	27	38
12	47	66
14	75	106
16	118	165
18	162	227
20	230	322
22	315	441
24	398	557

5.3.4 涂漆前应将表面锈层、粘砂、焊渣和油污等清除干净。涂漆质量应符合 JB/T 5673 中规定的 TQ-2-2-DM 普通耐候涂层的性能要求。

5.3.5 在主要部位检查 3 处,涂漆厚度均应不小于 40 μm,涂漆附着力至少应有 2 处达到 JB/T 9832.2 中规定的 II 级以上。

5.3.6 耙浆机外观应清洁、不得有锈蚀、碰伤及油漆剥落等缺陷。

5.4 使用有效度

耙浆机使用有效度应不小于 90%。

5.5 使用说明书

5.5.1 使用说明书的编制应符合 GB/T 9480 的规定。

5.5.2 使用说明书应包括以下内容:

a) 产品的主要用途、适用范围;
b) 产品的配套动力;
c) 产品的主要技术参数;
d) 产品的正确安装与调试方法;
e) 产品的安全使用、安全防护要求;
f) 产品的维护与保养要求;
g) 产品三包内容,也可单独成册;
h) 产品的执行标准代号。

5.6 三包凭证

耙浆机应有三包凭证,其内容至少应包括:

a) 产品名称、型号、规格、出厂编号、购买日期；

b) 生产企业名称、地址、邮政编码、售后服务联系电话；

c) 修理者名称、地址、邮政编码和电话；

d) 整机三包有效期应不少于1年；

e) 主要零部件三包有效期应不少于1年；

f) 主要零部件清单；

g) 销售记录表、修理记录表；

h) 不实行三包的情况说明。

5.7 铭牌

5.7.1 耙浆机应在明显位置固定产品铭牌，并符合GB/T 13306的规定。

5.7.2 铭牌应包括以下内容：

a) 产品的型号与名称；

b) 产品的配套动力；

c) 产品的执行标准编号；

d) 产品的主要技术参数；

e) 产品出厂编号；

f) 产品的生产日期；

g) 制造厂名称、详细地址。

6 检测方法

6.1 性能试验

6.1.1 耙浆深度的测定

在测区内按产品说明书规定的速度作业一个行程，作业后沉淀2 h，沿机组前进方向每隔2 m左、右两侧各测1点，共测11次；测量泥浆底面与泥浆表面的垂直距离，此垂直距离即为该测点的耙浆深度，按式（1）计算耙浆深度平均值。

$$\overline{X} = \frac{\sum_{i=1}^{n} X_i}{n} \quad\cdots\cdots\cdots\cdots\cdots\cdots\cdots\cdots\cdots\cdots\cdots\cdots\cdots (1)$$

式中：

$\overline{X}$ ——耙浆深度平均值，单位为厘米（cm）；

X_i ——第 i 个测点的耙浆深度，单位为厘米（cm）；

n ——测点数。

按式（2）计算耙浆深度稳定性系数。

$$U = \left[1 - \frac{\sqrt{\sum (X_i - \overline{X})^2 / (n-1)}}{\overline{X}}\right] \times 100 \quad\cdots\cdots\cdots\cdots\cdots\cdots (2)$$

式中：

U——耙浆深度稳定系数，单位为百分号（%）。

6.1.2 地表平整度的测定

作业后沉淀2 h，在测区内沿机组前进方向每隔2 m左、右两侧各测1个点，共测11次，测耙浆后的地表与水平基准面的垂直距离，按式（3）计算耙浆后的泥浆表面与水平基准面的垂直距离平均值。

$$\overline{Y} = \frac{\sum_{i=1}^{n} Y_i}{n} \quad\cdots\cdots\cdots\cdots\cdots\cdots\cdots\cdots\cdots\cdots\cdots\cdots\cdots (3)$$

式中：

$\overline{Y}$——把浆后的泥浆表面与水平基准面的垂直距离平均值,单位为厘米(cm);

Y_i——第 i 测点处把浆后的泥浆表面与水平基准面的垂直距离,单位为厘米(cm)。

按式(4)计算地表平整度。

$$S = \sqrt{\sum (Y_i - \overline{Y})^2 / (n-1)} \quad \cdots\cdots\cdots\cdots\cdots\cdots\cdots\cdots \quad (4)$$

式中:

S——地表平整度,单位为厘米(cm)。

6.1.3 碎土率的测定

作业后沉淀 2 h,在测区内按对角线法取样 3 处,每处面积为 0.25 m²,取把浆深度层内的全部泥土,选出大于等于 4 cm 的土块,以剩余泥土质量占全部泥土总质量的百分比为碎土率。

6.1.4 植被覆盖率的测定

把浆作业后在测区内按对角线法取样 5 处,每处面积为 0.25 m²,分别测出把浆深度层内的植被重量和露出地面的植被重量,按式(5)计算植被覆盖率。

$$F = \frac{G_x}{G_x + G_s} \times 100 \quad \cdots\cdots\cdots\cdots\cdots\cdots\cdots\cdots \quad (5)$$

式中:

F ——植被覆盖率,单位为百分号(%);

G_x——把浆深度泥浆层内的植被质量平均值,单位为千克(kg);

G_s——露出地面的植被质量平均值,单位为千克(kg)。

6.2 使用有效度

6.2.1 生产试验样机 1 台,应按照 GB/T 5667 的规定进行。

6.2.2 采取定时截尾法,样机的作业时间为 120 h。

6.2.3 试验过程中,每班次应记录作业时间、故障次数、故障类型、故障排除时间,使用有效度按式(6)计算。

$$K = \frac{\sum T_z}{\sum T_g + \sum T_z} \times 100 \quad \cdots\cdots\cdots\cdots\cdots\cdots\cdots\cdots \quad (6)$$

式中:

K ——有效度,单位为百分号(%);

T_z——样机在使用考核期间每次的作业时间,单位为小时(h);

T_g——样机在使用考核期间每次的故障排除时间,单位为小时(h)。

6.2.4 在使用可靠性考核期间,有严重故障或致命故障(指发生人身伤亡事故、因质量原因造成机具不能正常工作、经济损失重大的故障)发生,使用可靠性为不合格。

6.3 安全质量检查

防护装置的结构尺寸用刻度尺测量,其余采用目测方法。

6.4 装配、涂漆和外观质量检查

6.4.1 刀辊半径变动量

转动刀辊,测量刀辊上每把把浆刀的回转半径,取其最大回转半径与最小回转半径之差。

6.4.2 空运转扭矩

采用仪器测量或使用扭矩扳手。在空运转试验前,在动力输入轴处测量维持把浆机空运转所需的最大扭矩。使用扭矩扳手测量时,应匀速旋转一周以上。

6.4.3 油温

用测温仪测量轴承座及箱体内润滑油空运转前、后的温度,计算其温升。

6.4.4 密封性

空运转 30 min 停机后,检查传动箱各动、静结合面有无漏油、渗油现象。

6.4.5 传动箱清洁度

空运转 30 min 停机后,用 100 目的滤网过滤传动箱内的润滑油,测各种杂质总干重量,以杂质干重量表示传动箱清洁度。

6.4.6 主要紧固件的紧固程度

用扭矩扳手将重要部位的紧固螺栓螺母松开 1/4 圈,再用扭矩扳手将该螺母拧回到原来位置,测定其扭紧力矩,测量总数不应少于 10 个。

6.4.7 涂漆外观质量、涂漆厚度及漆膜附着力

采用目测法检查涂漆外观质量。涂漆附着力的测定方法应符合 JB/T 9832.2 的规定。

6.5 使用说明书

按照 5.5 的规定逐项检查是否符合要求。其中任一项不合格,判使用说明书不合格。

6.6 三包凭证审查

按照 5.6 的规定逐项检查是否符合要求。其中任一项不合格,判三包凭证不合格。

6.7 铭牌

按照 5.7 的规定逐项检查是否符合要求。其中任一项不合格,判铭牌不合格。

7 检验规则

7.1 不合格项目分类

检验项目按其对产品质量的影响程度分为 A、B 两类,不合格项目分类见表 5。

表 5 不合格项目分类表

类别	序号	检测项目		对应的质量要求的条款号
A	1	安全要求	外露回转件	5.2.1
			工作部件的防护装置	5.2.2
			警示标志	5.2.3
	2	耙浆深度		5.1
	3	地表平整度		5.1
	4	使用可靠性(有效度)		5.1
B	1	植被覆盖率		5.1
	2	碎土率		5.1
	3	耙浆深度稳定性系数		5.1
	4	传动箱密封性能		5.3.2
	5	刀辊半径变动量		5.3.1
	6	使用说明书		5.5
	7	润滑油温升		5.3.2
	8	涂漆厚度		5.3.5
	9	涂漆附着力		5.3.5
	10	空运转扭矩		5.3.2
	11	传动箱清洁度		5.3.2
	12	重要部位紧固件		5.3.3
	13	运输间隙		5.2.4
	14	外观		5.3.6
	15	铭牌		5.7

7.2 抽样方案

抽样方案按 GB/T 2828.11—2008 中的规定制订,见表 6。

表 6 抽样方案

检验水平	O
声称质量水平(DQL)	1

表6（续）

检验水平	O
检查总体（N）	10
样本量（n）	1
不合格品限定数（L）	0

7.3 抽样方法

根据抽样方案确定。抽样基数为 10 台，抽样数量为 1 台；样机应在生产企业近 12 个月内生产的合格产品中随机抽取（其中，在用户和销售部门抽样时不受抽样基数限制）。

7.4 判定规则

7.4.1 样机合格判定

对样机中 A、B 各类检验项目逐项检验和判定。当 A 类不合格项目数为 0（即 A＝0）、B 类不合格项目数不大于 1（即 B≤1）时，判定样机为合格品；否则，判定样机为不合格品。

7.4.2 综合判定

若样机为合格品（即样本的不合格品数不大于不合格品限定数），则判通过；若样机为不合格品（即样本的不合格品数大于不合格品限定数），则判不通过。

附　录　A

（规范性附录）

产　品　规　格　表

产品规格表见表 A.1。

表 A.1　产品规格表

序号	项　目	单　位	设计值
1	产品型号、名称	/	
2	外形尺寸（长×宽×高）	mm	
3	整机重量	kg	
4	配套动力	kW	
5	配套动力输出轴转速	r/min	
6	作业幅宽	m	
7	耙深	cm	
8	刀辊转速	r/min	
9	刀辊最大回转半径	mm	
10	刀片数量	个	
11	挂接方式	/	
12	纯工作小时生产率	hm^2/h	

ICS 65.060.50
B 91

中华人民共和国农业行业标准

NY/T 738—2020
代替 NY/T 738—2003

大豆联合收割机 作业质量

Operating quality for combine harvester

2020-07-27 发布

2020-11-01 实施

中华人民共和国农业农村部 发布

前　言

本标准按照 GB/T 1.1—2009 给出的规则起草。

本标准代替 NY/T 738—2003《大豆联合收割机械 作业质量》。与 NY/T 738—2003 相比,除编辑性修改外主要内容变化如下:

——修改了标准名称;

——修改了规范性引用文件(见 2,2003 年版的 2);

——修改了作业质量要求中的作业条件(见 3.1,2003 年版的 3.1);

——将质量指标"总损失率"修改为"损失率"(见 3.2,2003 年版的 3.2);

——修改了"损失率"和"含杂率"指标要求(见 3.2,2003 年版的 3.2);

——增加了"茎秆切碎长度合格率"和"漏收情况"两个质量指标和对应的检测方法(见 3.2、4.1.2.4、4.1.2.5);

——检测方法中增加了作业条件测定内容(见 4.1.1);

——修改了"损失率""含杂率""破碎率"的检测方法和计算公式(见 4.1.2.1、4.1.2.2、4.1.2.3,2003 年版的 4.1、4.2、4.3);

——增加了"损失率"的简易检测方法(见 4.2);

——修改了检验规则(见 5,2003 年版的 5)。

本标准由农业农村部农业机械化管理司提出。

本标准由全国农业机械标准化技术委员会农业机械化分技术委员会(SAC/TC 201/SC 2)归口。

本标准起草单位:黑龙江省农业机械试验鉴定站、黑龙江省农业机械工程科学研究院、黑龙江省农业机械安全服务总站。

本标准主要起草人:郭雪峰、李艳杰、孙德超、高静华、宋来庆、杨晓彬、姜阿利、宋元萍。

本标准所代替标准的历次版本发布情况为:

——NY/T 738—2003。

大豆联合收割机　作业质量

1 范围

本标准规定了大豆联合收割机的作业质量要求、检测方法和检验规则。

本标准适用于大豆联合收割机作业的质量评定。

2 规范性引用文件

下列文件对于本文件的应用是必不可少的。凡是注日期的引用文件，仅注日期的版本适用于本文件。凡是不注日期的引用文件，其最新版本（包括所有的修改单）适用于本文件。

GB/T 5262　农业机械试验条件　测定方法的一般规定

3 作业质量要求

3.1　作业地应无明显杂草，地块面积、坡度、土壤质地、土壤含水率以及大豆种植方式等条件应符合大豆联合收割机的作业技术要求。大豆收割应在作物完熟期、植株不倒伏的条件下进行，籽粒含水率为13%～18%，最低结荚高度不低于8 cm。样机技术状态应符合使用说明书要求，驾驶员的驾驶技术应熟练。

3.2　大豆联合收割机按使用说明书规定的速度作业，在3.1规定的作业条件下，作业质量应符合表1的规定。

表1 作业质量要求

序号	检测项目名称	质量指标要求	检测方法对应的条款号
1	损失率，%	≤5	4.1.2.1
2	含杂率，%	≤3	4.1.2.2
3	破碎率，%	≤5	4.1.2.3
4	茎秆切碎长度合格率[a]，%	≥85	4.1.2.4
5	漏收情况	收割后的田块，应无漏收现象	4.1.2.5
[a] 适用于带有茎秆切碎功能的机型。			

4 检测方法

4.1 专业检测方法

4.1.1 作业条件检测

收割作业前，记录作物品种、作物成熟期以及杂草情况；按GB/T 5262的规定测定每平方米自然落粒质量、籽粒含水率、最低结荚高度及作物倒伏程度。

4.1.2 作业质量检测

4.1.2.1 损失率

大豆联合收割机按使用说明书规定的速度在地块正常作业，收获完成后，称量收获的大豆质量，按式（1）计算每平方米大豆收获质量。

$$W_\mathrm{h} = \frac{1000 \times M}{L \times B} \quad \cdots\cdots\cdots\cdots\cdots\cdots\cdots\cdots\cdots\cdots\cdots\cdots\cdots\cdots\cdots\cdots \quad (1)$$

式中：

W_h——每平方米大豆收获质量，单位为克每平方米（g/m²）；

M——收获的大豆质量，单位为千克（kg）；

L——地块长度，单位为米（m）；

B——地块宽度，单位为米（m）。

在收割后的地块,按 GB/T 5262 规定的五点法选取 5 个测点,每个测点沿收割机前进方向取长度为 1 m(割幅大于 2 m 时,长度为 0.5 m)、宽度为一个工作幅宽的取样区域,收集取样区域内的所有豆粒和豆荚,去掉豆皮和杂质,得到全部大豆籽粒,称量其质量,对应取样面积,按式(1)计算每平方米收集的大豆(含机械损失和自然落粒)质量(W_s)。按式(2)计算每测点大豆收获损失率。最终结果取 5 点平均值。

$$S = \frac{W_s - W_1}{W_s + W_h - W_1} \times 100 \quad\cdots\cdots\cdots\cdots\cdots\cdots\cdots\cdots\cdots\cdots\cdots\cdots\cdots (2)$$

式中:

S ——损失率,单位为百分号(%);

W_s ——每平方米收集的大豆(含机械损失和自然落粒)质量,单位为克每平方米(g/m²);

W_1 ——每平方米自然落粒质量,单位为克每平方米(g/m²);

W_h ——每平方米大豆收获质量,单位为克每平方米(g/m²)。

4.1.2.2 含杂率

在大豆联合收割机正常作业收获的籽粒中随机抽取 5 份样品,每份约 2 000 g。对每份大豆样品采用四分法得到一份约 500 g 的小样,称量其质量;挑出小样中的杂质,称量其质量。按式(3)计算每份样品的含杂率。测定 5 份大豆样品含杂率,取平均值。

$$Z = \frac{W_z}{W_y} \times 100 \quad\cdots\cdots\cdots\cdots\cdots\cdots\cdots\cdots\cdots\cdots\cdots\cdots\cdots\cdots\cdots\cdots\cdots (3)$$

式中:

Z ——含杂率,单位为百分号(%);

W_z ——小样中杂质质量,单位为克(g);

W_y ——小样质量,单位为克(g)。

4.1.2.3 破碎率

与 4.1.2.2 条同时进行,挑出每份去掉杂质的小样中的破碎籽粒,称量其质量,按式(4)计算每份样品的破碎率。测定 5 份大豆样品的破碎率,取平均值。

$$P = \frac{W_p}{W_y - W_z} \times 100 \quad\cdots\cdots\cdots\cdots\cdots\cdots\cdots\cdots\cdots\cdots\cdots\cdots\cdots (4)$$

式中:

P ——破碎率,单位为百分号(%);

W_p ——小样中破碎籽粒质量,单位为克(g)。

4.1.2.4 茎秆切碎长度合格率

在收割后的地块,沿地块长度方向等间隔选取 6 点,每点测定 0.5 m² 面积内茎秆质量及茎秆切碎长度大于 10 cm 的不合格茎秆质量,按式(5)计算每点茎秆切碎长度合格率,最终结果取 6 点平均值。

$$F = \frac{M_z - M_b}{M_z} \times 100 \quad\cdots\cdots\cdots\cdots\cdots\cdots\cdots\cdots\cdots\cdots\cdots\cdots\cdots (5)$$

式中:

F ——茎秆切碎长度合格率,单位为百分号(%);

M_z ——每测点 0.5 m² 面积内茎秆质量,单位为千克(kg);

M_b ——每测点 0.5 m² 面积内不合格茎秆质量,单位为千克(kg)。

4.1.2.5 漏收情况

用目测的方法检查收割后田块有无漏收现象。

4.2 损失率简易检测方法

4.2.1 损失率由被服务方在作业现场测取。通常作业条件下,在大豆联合收割机作业完成后的田块内随机取 5 点~10 点,每点取 1 m² 的测区,分别收取测区内所有豆粒和豆荚,去掉豆皮和杂质,得到全部大豆籽粒,数出损失籽粒个数,取平均值。

4.2.2 损失率的指标要求为每平方米不大于 90 粒。

5 检验规则

5.1 检验分类

检验分简易检验和专业检验。

5.2 简易检验

由服务双方协商确定,采用简易检验方法。

5.3 专业检验

5.3.1 在下列情况之一时应进行专业检验:

a) 服务双方对作业质量有争议;

b) 进行联合收割作业质量对比试验。

5.3.2 专业检验项目

检测结果不符合第3章相应要求时判定该项目不合格。检测项目分类见表2。

表 2 检测项目分类

序号	检测项目
1	损失率
2	含杂率
3	破碎率
4	茎秆切碎长度合格率[a]
5	漏收情况
[a] 适用于带有茎秆切碎功能的机型。	

5.4 判定规则

对检测项目进行逐项考核,检测项目全部合格,判定该联合收割机作业质量合格;否则,为不合格。

ICS 65.060.30
B 91

中华人民共和国农业行业标准

NY/T 989—2020
代替 NY/T 989—2006

水稻栽植机械　作业质量

Operating quality for rice transplanter

2020-07-27 发布

2020-11-01 实施

中华人民共和国农业农村部 发布

前　言

本标准按照 GB/T 1.1—2009 给出的规则起草。

本标准代替 NY/T 989—2006《机动插秧机　作业质量》。与 NY/T 989—2006 相比,除编辑性修改外主要内容变化如下:

——修改了标准名称;

——修改了适用范围(见 1,2006 年版的 1);

——修改了规范性引用文件(见 2,2006 年版的 2);

——修改了术语和定义(见 3,2006 年版的 3);

——删除了术语和定义中的"带土苗""苗高""伤秧""漂秧""漏插""均匀度""空格""取秧深度""移距""翻倒""邻接行距""插秧深度""田面高低差"术语(见 2006 年版的 3.1、3.2、3.3、3.4、3.5、3.6、3.7、3.8、3.9、3.10、3.11、3.12、3.13);

——修改了水稻插秧机(或含侧深施肥机)作业条件要求(见 4.2,2006 年版的 4.1);

——增加了水稻插秧机(或含侧深施肥机)机手和机具调整的要求(见 4.1.1.4);

——增加了钵苗栽植机的作业条件(见 4.2.2);

——增加了钵苗栽植机机手和机具调整的要求(见 4.1.2.3);

——增加了钵苗栽植、水稻插秧机(带侧深施肥机)的作业质量要求(见表 1);

——删除相对均匀度合格率指标(见 2006 年版的表 1、5.3.2、表 2);

——将"标准行距 H"修改为"标准行距 S"(见 5.3.3,2006 年版的 5.3.3);

——删除了"插前伤秧率"的测定(见 2006 年版的 5.3.1.4);

——增加了检验方法中施肥量偏差测定(见 5.3.5);

——修改了检测项目分类的有关内容(见表 2,2006 年版的表 2);

——修改了综合判定规则的有关内容(见 6.2,2006 年版的 6.2)。

本标准由农业农村部农业机械化管理司提出。

本标准由全国农业机械标准化技术委员会农业机械化分技术委员会(SAC/TC 201/SC 2)归口。

本标准起草单位:江苏省农业机械试验鉴定站、江苏省农业机械技术推广站、洋马农机(中国)有限公司、常州亚美柯机械设备有限公司。

本标准主要起草人:纪鸿波、谢葆青、王智、白学峰、张平、张中杰、张婕、糜南宏、史志中、张界善。

本标准所代替标准的历次版本发布情况为:

——NY/T 989—2006。

水稻栽植机械　作业质量

1　范围

本标准规定了水稻栽植机械的术语和定义、作业质量要求、检测方法和检验规则。

本标准适用于以规格化水稻带土苗为对象的水稻插秧机(或含侧深施肥机)及水稻钵苗栽植机的作业质量评定。有序抛秧机可参照执行。

2　规范性引用文件

下列文件对于本文件的应用是必不可少的。凡是注日期的引用文件,仅注日期的版本适用于本文件。凡是不注日期的引用文件,其最新版本(包括所有的修改单)适用于本文件。

GB/T 5262—2008　农业机械试验条件　测定方法的一般规定

GB/T 6243—2017　水稻插秧机　试验方法

NY/T 1003—2006　施肥机械质量评价技术规范

NY/T 3013—2016　水稻钵苗栽植机　质量评价技术规范

3　术语和定义

GB/T 6243—2017、NY/T 1003—2006、NY/T 3013—2016界定的术语和定义适用于本文件。

4　作业质量要求

4.1　作业条件

4.1.1　水稻插秧机(或含侧深施肥机)作业条件

4.1.1.1　插前床土绝对含水率为35%～55%。试验用秧苗密度应均匀一致,苗高、叶龄符合样机的适用范围。

4.1.1.2　插秧田块应泥碎田平,泥脚深度不大于300 mm,水深10 mm～30 mm。田面高差不大于30 mm。

4.1.1.3　秧块空格率不大于2%。

4.1.1.4　机手应按当地水稻插秧农艺要求和说明书规定调整和使用水稻插秧机(或含侧深施肥机)。

4.1.2　水稻钵苗栽植机作业条件

4.1.2.1　作业地碎土率应不小于80%,作业地表面植被覆盖物满足栽植要求、田面平整,耙浆平地后沉淀24 h以上,田面水深应在0 mm～30 mm,泥脚深度应在120 mm～250 mm。

4.1.2.2　秧苗叶龄为3叶～5叶,苗高为120 mm～250 mm,秧苗根系盘结,钵土落地不松散。钵土绝对含水率为25%～40%,空钵率不大于1%,每钵秧苗株数应符合当地农艺要求。

4.1.2.3　机手应按当地水稻栽植农艺要求和说明书规定调整和使用水稻钵苗栽植机。

4.2　作业质量指标

在4.1规定的作业条件下,水稻栽植机械的作业质量应符合表1的规定。

表 1　作业质量指标

序号	检测项目名称	质量指标要求			检测方法对应的条款号
		水稻插秧机(或含侧深施肥机)	水稻钵苗栽植机		
			推杆式	夹持式	
1	伤秧率,%	≤4	≤1.5	≤2.0	5.3.2
2	漏插/漏栽率,%	≤5	≤2.5	≤3.0	5.3.2

表 1（续）

序号	检测项目名称	质量指标要求			检测方法对应的条款号
		水稻插秧机（或含侧深施肥机）	水稻钵苗栽植机		
			推杆式	夹持式	
3	漂秧率,%	≤3	≤1.0		5.3.2
4	翻倒率,%	≤3	/		5.3.2
5	插秧/栽植深度合格率,%	≥90	≥95		5.3.4
6	邻接行距合格率ᵃ,%	≥90	/		5.3.3
7	施肥量偏差ᵇ,%	≤15	≤15		5.3.5

ᵃ 适用于等行距栽植机械。
ᵇ 适用于含侧深施肥机的栽植机械。

5 检测方法

5.1 试验田块

沿地块长度及宽度方向对边的中点连十字线,将地块划成 4 块,随机选取对角的 2 块作为试验田块。

5.2 检测点位置的确定

采取 5 点法测定。从 4 个地角沿对角线,在 $\frac{1}{8} \sim \frac{1}{4}$ 对角线长的范围内选定一个比例数后,算出距离,确定 4 个检测点的位置,再加上某一对角线中点的 1 个检测点。所选取的田块都作为独立的测区,分别检测。

5.3 检测方法

5.3.1 秧苗插前状态测定

5.3.1.1 从待插秧苗中随机取样 5 盘,进行以下项目测定。

5.3.1.2 从每盘秧苗中随机取样 20 株,测定苗高,并测定每盘毯状苗的土层厚,钵体秧苗不测定土层厚度。

5.3.1.3 床土绝对含水率的测量。从待测秧盘中,各取床土不少于 20 g,按 GB/T 5262—2008 中的 7.2.1 测定。

5.3.1.4 空格率、空钵率的测定按 GB/T 6243—2017 中的 5.3 测定。

5.3.2 伤秧率、漂秧率、漏插/漏栽率以及翻倒率测定

按 GB/T 6243—2017 中的 5.5 规定的方法测定。

5.3.3 邻接行距合格率测定

采用五点法选取 5 个测区。在测区内连续测定 10 个邻接行的行距,以所栽插的标准行距 S 为标准,所测行距大于 0.8S 且不大于 1.2S 为合格。合格行距的个数占所测行距总个数的百分数为邻接行距合格率。

5.3.4 插秧/栽植深度合格率测定

按 GB/T 6243—2017 中的 5.5.2 和 NY/T 3013—2016 中 6.1.2.4 规定的方法测定。

5.3.5 施肥量偏差测定

按 NY/T 1003—2006 中的 5.3.3.2 规定的方法测定。

6 检验规则

6.1 检测项目

检测结果不符合第 4 章相应要求时,判该项目不合格。检测项目见表 2。

表 2 检测项目表

序号	检测项目名称
1	伤秧率
2	漏插/漏栽率

表 2（续）

序号	检测项目名称
3	漂秧率
4	翻倒率
5	插秧/栽植深度合格率
6	邻接行距合格率
7	施肥量偏差ᵃ

ᵃ 项目仅适用于带侧深施肥机的栽植机械。

6.2 判定规则

对检测项目逐项进行考核检测,检测项目全部合格,判定水稻栽植机械作业质量为合格;否则,为不合格。

ICS 65.060.50
B 92

中华人民共和国农业行业标准

NY/T 991—2020
代替 NY/T 991—2006

牧草收获机械　作业质量

Operating quality for forage harvester

2020-07-27 发布

2020-11-01 实施

中华人民共和国农业农村部 发布

前　言

本标准按照 GB/T 1.1—2009 给出的规则起草。

本标准代替 NY/T 991—2006《牧草收获机械　作业质量》。与 NY/T 991—2006 相比,除编辑性修改外主要技术内容变化如下:

——修改了范围(见 1,2006 年版的 1);

——修改了规范性引用文件(见 2,2006 年版的 2);

——删除、修改了术语和定义中部分内容,增加了术语的英文翻译(见 3,2006 年版的 3);

——修改了作业质量要求(见 4,2006 年版的 4);

——删除了一般要求(见 2006 年版的 5.1);

——增加了试验准备、测区和测点的确定内容(见 5.1、5.2);

——删除了检测方法中超茬损失率、碎草率、成捆率、抗摔率、打捆损失率、搂齿划痕最大深度、牧草不清洁度和污染内容(见 2006 年版的 5.3、5.5、5.6、5.7、5.10、5.12、5.13、5.14);

——增加了检测方法中压扁率、成草条宽度、包膜后表面质量、包膜层数内容(见 5.3.3、5.3.5、5.3.6、5.3.7);

——修改了检测方法中割茬高度、漏割损失率、漏搂率内容(见 5.3.1、5.3.2、5.3.4,2006 年版的 5.2、5.4、5.11);

——修改了检验规则内容(见 6,2006 年版的 6)。

本标准由农业农村部农业机械化管理司提出。

本标准由全国农业机械标准化技术委员会农业机械化分技术委员会(SAC/TC 201/SC 2)归口。

本标准起草单位:内蒙古自治区农牧业机械试验鉴定站、呼伦贝尔市农机产品质量监督管理站、赤峰市农牧业械化研究推广服务中心、包头市农业机械培训推广服务站、锡林郭勒盟农牧业机械推广站、兴安盟农牧业机械推广站。

本标准主要起草人:高云燕、王强、陈晖明、王海军、吴鸣远、荣杰、刘波、张晓敏、王靖、郭海杰、赵晓风、郝宇、陈雪琛、贾玉斌、赵双龙、郝楠森、李延军、陈绍恒、何双柱、曹玉、张明远、郭丽萍。

本标准所代替标准的历次版本发布情况为:

——NY/T 991—2006。

牧草收获机械 作业质量

1 范围

本标准规定了牧草收获机械术语和定义、作业质量要求、检测方法和检验规则。

本标准适用于割草机、割草压扁机、搂草机、圆草捆包膜机(包括打捆包膜一体机)作业的质量评定。

2 规范性引用文件

下列文件对于本文件的应用是必不可少的。凡是注日期的引用文件,仅注日期的版本适用于本文件。凡是不注日期的引用文件,其最新版本(包括所有的修改单)适用于本文件。

GB/T 10938—2008 旋转割草机

3 术语和定义

下列术语和定义适用于本文件。

3.1

割茬高度 stubble height

牧草被切割后,留在地面上茎秆根部的长度。

4 作业质量要求

4.1 作业地块平坦。割草机(割草压扁机)作业时牧草应无倒伏。搂草机作业时,风速应不大于 8 m/s。圆草捆包膜机作业时,圆草捆表面应无影响包膜质量的凸出尖锐物。

4.2 在 4.1 规定的作业条件下,牧草收获机械作业质量指标应符合表 1~表 3 的规定。

表 1 割草机(割草压扁机)作业质量指标

序号	检测项目名称		质量指标要求		检测方法对应的条款号
			割草机	割草压扁机	
1	割茬高度,mm		≤70		5.3.1
2	漏割损失率,%	旋转式	≤0.25		5.3.2
		往复式	≤0.5		
3	压扁率,%		/	≥90	5.3.3

表 2 搂草机作业质量指标

序号	检测项目名称		质量指标要求	检测方法对应的条款号
1	漏搂率,%	指轮式	≤2	5.3.4
		机引横向式、旋转式、滚筒式	≤5	
2	成草条宽度,m		≤1.25	5.3.5

表 3 圆草捆包膜机作业质量指标

序号	检测项目名称	质量指标要求	检测方法对应的条款号
1	包膜后表面质量	包膜后圆草捆表面平整,拉伸膜无破损,全部包裹无外露	5.3.6
2	包膜层数	≥3	5.3.7

5 检测方法

5.1 试验准备

检查作业条件应符合 4.1 的要求。割草机(割草压扁机)按照 GB/T 10938—2008 中 7.2.3 测定单位面积应收牧草质量。搂草机的搂前平均每平方米牧草质量,应在搂草前草趟或草条中随机抽取 3 点以上,每点取 1 m² 测定牧草质量,称重后求平均值。

5.2 测区和测点的确定

测区面积应能保证完成整个作业质量检测。割草机(割草压扁机)、搂草机每一行程长度应不小于 40 m,测定次数为往返行程各测 2 次,每一行程等间隔测 2 点。

5.3 作业质量检测

5.3.1 割茬高度

沿割幅方向在全割幅内测量,每点沿机组前进方向测 1 m 长,等间隔测 10 根以上,取平均值。

5.3.2 漏割损失率

全割幅范围内收集未被收割的牧草(收割行程割茬以上部分),每点沿机组前进方向测 0.5 m 长(割幅小于 2.5 m 的测 1 m 长),称量计算出单位面积漏割损失量。漏割损失率按式(1)、式(2)计算,结果取平均值。

$$G_L = \frac{M_L}{L \times W} \quad \cdots\cdots (1)$$

式中:
G_L ——单位面积漏割损失量,单位为克每平方米(g/m²);
M_L ——收集的漏割牧草质量,单位为克(g);
L ——前进方向测定长度,单位为米(m);
W ——割幅,单位为米(m)。

$$S_L = \frac{G_L}{G_y} \times 100 \quad \cdots\cdots (2)$$

式中:
S_L ——漏割损失率,单位为百分号(%);
G_y ——单位面积应收牧草质量,单位为克每平方米(g/m²)。

5.3.3 压扁率

测区内在实际收获牧草中收集被压扁的牧草的比率(牧草长度 50% 以上被压破为压扁),每点沿机组前进方向测 0.5 m 长(割幅小于 2.5 m 的测 1 m 长),称量计算出单位面积实际收获牧草中被压扁牧草质量。压扁率按式(3)、式(4)、式(5)计算,结果取平均值。

$$g_b = \frac{M_b}{L \times W} \quad \cdots\cdots (3)$$

式中:
g_b ——单位面积实际收获牧草中被压扁牧草质量,单位为克每平方米(g/m²);
M_b ——收集的被压扁牧草质量,单位为克(g)。

$$g_a = \frac{M_a}{L \times W} \quad \cdots\cdots (4)$$

式中:
g_a ——单位面积实际收获牧草质量,单位为克每平方米(g/m²);
M_a ——实际收获牧草质量,单位为克(g)。

$$Y_b = \frac{g_b}{g_a} \times 100 \quad \cdots\cdots (5)$$

式中:
Y_b ——压扁率,单位为百分号(%)。

5.3.4 漏搂率

每点沿机组前进方向测 5 m 长,捡拾搂草机通过的面积内未搂到的且长度大于 7 cm 的牧草称重,按式(6)、式(7)计算,结果取平均值。

$$B = \frac{m_1}{5A} \quad\cdots\cdots\cdots\cdots\cdots\cdots\cdots\cdots\cdots\cdots\cdots\cdots\cdots\cdots\cdots \quad (6)$$

式中:

B ——每平方米内平均漏搂牧草质量,单位为千克每平方米(kg/m²);

m_1 ——测点 5 m 内漏搂牧草质量,单位为千克(kg);

A ——搂草机实际搂幅,单位为米(m)。

$$L_1 = \frac{B}{m_c} \times 100 \quad\cdots\cdots\cdots\cdots\cdots\cdots\cdots\cdots\cdots\cdots\cdots\cdots \quad (7)$$

式中:

L_1 ——漏搂率,单位为百分号(%);

m_c ——搂前平均每平方米牧草质量,单位为千克每平方米(kg/m²)。

5.3.5 成草条宽度

搂草后,在每测点测量成草条宽度,结果取平均值。

5.3.6 包膜后表面质量

采用目测法检查。包膜后的圆草捆表面平整,拉伸膜无破损、无破包,圆草捆全部包裹无外露。测 30 捆,其中任一捆不合格,判该项不合格。

5.3.7 包膜层数

用刀片沿着包膜后的草捆高度划开包膜,并且等间隔选取 10 个点查看包膜层数,最小包膜层数即视为草捆的包膜层数。

6 检验规则

6.1 作业质量考核项目

作业质量考核项目见表4。

表4 作业质量考核项目表

序号	检验项目名称	割草机	割草压扁机	搂草机	圆草捆包膜机
1	割茬高度	√	√	—	—
2	漏割损失率	√	√	—	—
3	压扁率	—	√	—	—
4	漏搂率	—	—	√	—
5	成草条宽度	—	—	√	—
6	包膜后表面质量	—	—	—	√
7	包膜层数	—	—	—	√

6.2 判定规则

每种机具对表4中确定的所有考核项目进行逐项检测。所有项目全部合格,则判定该机具作业质量合格;否则,为不合格。

ICS 65.060.50
B 91

中华人民共和国农业行业标准

NY/T 1004—2020
代替 NY/T 1004—2006

秸秆粉碎还田机　质量评价技术规范

Technical specification of quality evaluation for stalk shredder

2020-07-27 发布

2020-11-01 实施

中华人民共和国农业农村部 发布

前　言

本标准按照 GB/T 1.1—2009 给出的规则起草。

本标准代替 NY/T 1004—2006《秸秆还田机质量评价技术规范》。与 NY/T 1004—2006 相比,除编辑性修改外主要内容变化如下:

——修改了标准名称;

——修改了适用范围,增加了棉花作物秸秆(见 1,2006 年版的 1);

——修改了规范性引用文件(见 2,2006 年版的 2);

——增加了质量评价所需的文件资料、主要技术参数核对与测量、主要仪器设备等基本要求(见 3);

——修改了作业性能要求,增加了棉花秸秆粉碎合格长度要求(见 4.1);

——增加了折叠式秸秆粉碎还田机折叠机构安全防护和安全标志要求(见 4.2);

——将主要紧固件要求和检测方法从"整机装配、外观及涂漆质量"调整至"安全要求"(见 4.2.2、5.2.2,2006 年版的 3.3.1、4.4.4);

——删除了切碎刀平均寿命指标及检测方法(见 2006 年版的 3.1.2、4.8.4);

——修改了性能试验条件、试验工况要求及试验方法(见 5.1,2006 年版的 4.3);

——增加了三包凭证审查要求(见 4.7、5.7);

——修改了检验项目及不合格分类(见 6.1,2006 年版的 5.2);

——修改了抽样方法(见 6.2,2006 年版的 5.1);

——修改了判定规则(见 6.3,2006 年版的 5.3);

——增加了产品规格表(见附录 A)。

本标准由农业农村部农业机械化管理司提出。

本标准由全国农业机械标准化技术委员会农业机械化分技术委员会(SAC/TC 201/SC 2)归口。

本标准起草单位:农业农村部农业机械试验鉴定总站、河北省农业机械鉴定站。

本标准主要起草人:叶宗照、孙丽娟、冯健、孙超、齐绍柠、张继勇、相姝楠、商稳奇。

本标准所代替标准的历次版本发布情况为:

——NY/T 1004—2006。

秸秆粉碎还田机　质量评价技术规范

1 范围

本标准规定了秸秆粉碎还田机的基本要求、质量要求、检测方法和检验规则。

本标准适用于以粉碎玉米、高粱、小麦、水稻、棉花等作物秸秆为主的秸秆粉碎还田机的质量评定。

2 规范性引用文件

下列文件对于本文件的应用是必不可少的。凡是注日期的引用文件，仅注日期的版本适用于本文件。凡是不注日期的引用文件，其最新版本（包括所有的修改单）适用于本文件。

GB/T 2828.11—2008　计数抽样检验程序　第 11 部分：小总体声称质量水平的评定程序

GB/T 3098.1　紧固件机械性能　螺栓、螺钉和螺柱

GB/T 3098.2　紧固件机械性能　螺母　粗牙螺纹

GB/T 5667　农业机械　生产试验方法

GB/T 9239.1　机械振动　恒态（刚性）转子平衡品质要求　第 1 部分：规范与平衡允差的检验

GB/T 9480　农林拖拉机和机械、草坪和园艺动力机械　使用说明书编写规则

GB 10395.1　农林机械　安全　第 1 部分：总则

GB 10395.5　农林机械　安全　第 5 部分：驱动式耕作机械

GB 10396　农林拖拉机和机械、草坪和园艺动力机械　安全标志和危险图形　总则

GB/T 13306　标牌

GB/T 23821　机械安全　防止上下肢触及危险区的安全距离

GB/T 24675.6—2009　保护性耕作机械　秸秆粉碎还田机

JB/T 5673—2015　农林拖拉机及机具涂漆　通用技术条件

JB/T 9832.2—1999　农林拖拉机及机具　漆膜　附着性能测定方法　压切法

3 基本要求

3.1 质量评价所需的文件资料

对秸秆粉碎还田机进行质量评价所需文件资料应包括：

a) 产品规格表（见附录 A），并加盖企业公章；

b) 企业产品执行标准或产品制造验收技术条件；

c) 产品使用说明书；

d) 三包凭证；

e) 样机照片（彩色，左前方 45°、右前方 45°、正后方、产品铭牌各 1 张）。

3.2 主要技术参数核对与测量

依据产品使用说明书、铭牌和其他技术文件，对样机的主要技术参数按表 1 进行核对或测量。

表 1　核测项目与方法

序号	项目	方法
1	型号名称	核对
2	结构型式	核对
3	整机外形尺寸（长×宽×高）	测量
4	整机质量	核对
5	工作幅宽	测量（左右侧板内部宽度）

表 1（续）

序号	项目	方法
6	刀轴总成传动方式	核对
7	刀轴数量	核对
8	粉碎刀型式（弯刀、直刀、弯刀＋直刀、锤爪或其他）	核对
9	粉碎刀总安装数量	核对
10	粉碎刀排列方式	核对
11	配套动力范围	核对
12	配套动力输出轴转速	核对
13	与配套拖拉机连接方式及类别	核对
14	折叠机构型式	核对

注：整机外形尺寸测量时，样机放置在硬化场地上，机架调至水平。

3.3 试验条件

3.3.1 试验地应具有代表性，地势平坦，坡度不大于 5°，试验地长度不小于 50 m，宽度不小于秸秆粉碎还田机工作幅宽的 6 倍。土壤含水率应适宜机组作业。

3.3.2 试验样机应与制造厂提供的使用说明书信息相符，且有检验合格证，按使用说明书要求调整到正常工作状态。配套动力应符合使用说明书要求。

3.4 主要仪器设备

试验用仪器设备应经过计量检定合格或校准且在有效期内。仪器设备的测量范围和测量准确度应不低于表 2 的要求。

表 2 主要仪器设备测量范围和准确度要求

被测参数名称	测量范围	准确度要求
质量	0 g～200 g	0.1 g
	0 g～6 000 g	1 g
时间	0 h～24 h	1 s/d
长度	0 m～5 m	1 mm
	5 m～50 m	10 mm
硬度	0 HRC～60 HRC	1 HRC
拧紧力矩	10 N·m～1 100 N·m	1%
温度	0℃～100℃	1%

4 质量要求

4.1 作业性能

秸秆粉碎还田机以使用说明书明示的作业速度作业时，玉米、高粱等作物秸秆粉碎合格长度不大于100 mm，小麦、水稻、棉花等作物秸秆粉碎合格长度不大于150 mm。主要性能指标应符合表 3 的规定。

表 3 性能要求一览表

序号	项目	质量指标		对应的检测方法条款号
		与拖拉机配套	与收割机配套	
1	留茬高度，mm	≤80	≤80	5.1.3
2	秸秆抛撒不均匀度，%	≤20	≤30	5.1.4
3	秸秆粉碎长度合格率，%	≥85	≥85	5.1.5
4	纯生产率，hm²/(m·h)	≥0.33	≥0.33	5.1.6

4.2 安全要求

4.2.1 安全防护装置

4.2.1.1 万向节传动轴应有可靠的安全防护装置,防护装置应符合 GB 10395.1 的规定。

4.2.1.2 秸秆粉碎还田机的防护应符合 GB 10395.5 的规定。

4.2.1.3 侧边皮带传动装置应设置可靠的防护罩,防护罩上的孔、网缝隙或直径及安全距离应符合 GB/T 23821 的规定。

4.2.1.4 秸秆粉碎还田机单独停放时应有保持稳定的措施,确保安全。

4.2.1.5 折叠式秸秆粉碎还田机的折叠机构在运输状态下应有机械锁定装置,锁定装置应牢固可靠。

4.2.2 主要紧固件

刀轴、齿轮箱等处承受载荷的紧固件的强度等级:螺栓不低于 GB/T 3098.1 中规定的 8.8 级,螺母不低于 GB/T 3098.2 中规定的 8 级。其拧紧力矩应符合表 4 的规定。

表 4 拧紧力矩

公称直径,mm	拧紧力矩,N·m	
	8.8/9.8 级	10.9 级
8	19～26	26～37
10	37～52	52～73
12	65～91	91～127
14	103～145	145～204
16	160～225	226～316
18	222～310	312～437
20	313～439	441～617
22	427～598	601～841
24	541～758	761～1 066

4.2.3 安全标志

4.2.3.1 安全标志的格式和内容应符合 GB 10396 的规定。

4.2.3.2 警告标志至少包括以下内容:

a) 机器前部万向节传动轴可能缠绕身体部位,机器作业或万向节传动轴转动时,人与机器应保持安全距离;

b) 机器后部有飞出物体冲击人体的危险,作业时人与机器应保持安全距离;

c) 机器运转时,不得打开或拆下安全防护罩;

d) 折叠式秸秆粉碎还田机折叠机构有砸伤或剪切危险,机具折叠后应锁紧锁定装置;

e) 机器宽度大于 2.1 m 时,应安装示廓反射器或采用反光物质制造的轮廓条带。

4.2.3.3 注意标志至少包括如下内容:

a) 操作、保养前请详细阅读使用说明书;

b) 使用前,必须检查粉碎刀销轴状况;

c) 保养时,应切断动力,配套动力熄火,并可靠支承机器。

4.3 整机装配、外观及涂漆质量

4.3.1 粉碎刀须经热处理,刀身硬度为 48 HRC～56 HRC,刀柄硬度为 33 HRC～40 HRC。

4.3.2 粉碎刀装配前应按质量进行分级,同一刀轴应安装同一质量级的粉碎刀,同一质量级的粉碎刀质量差不大于 10 g。

4.3.3 刀轴与粉碎刀装配后,应进行动平衡试验,平衡品质级别应不低于 GB/T 9239.1 中规定的平衡品质级别 G6.3 级。其许用剩余不平衡量按 G6.3 级确定。

4.3.4 秸秆粉碎还田机装配后,应在刀轴设计转速范围内进行 30 min 空运转试验,应符合以下要求:

a) 运转应平稳,传动系统不应有卡、碰和异常响声;

b) 各连接件、紧固件不应松动;

c) 在规定油液位置范围内,齿轮箱内润滑油的温升应不大于 25℃;

d) 轴承座、轴承部位温升应不大于 20℃;

e) 各密封部位不应渗、漏油。

4.3.5 整机外观涂层应色泽均匀、平整光滑、无露底。漆膜厚度不小于 35 μm,漆膜附着力达到 JB/T 9832.2—1999 中Ⅱ级的规定。

4.4 操作方便性

各调整装置应可靠、方便、灵活,无卡滞或不易锁定等缺陷。

4.5 可靠性

秸秆粉碎还田机的平均故障间隔时间(MTBF)应不小于 60 h,使用有效度应不小于 95%。

4.6 使用说明书

使用说明书的编制应符合 GB/T 9480 的规定。至少应包括以下内容:

a) 复现安全标志,明确粘贴位置;

b) 主要用途和适用范围;

c) 主要技术参数;

d) 正确的安装与调试方法;

e) 操作说明;

f) 安全注意事项;

g) 维护与保养要求;

h) 常见故障及排除方法;

i) 产品三包内容,也可单独成册;

j) 易损件清单;

k) 产品执行标准编号、名称。

4.7 三包凭证

应有三包凭证,至少应包括以下内容:

a) 产品型号名称、出厂编号;

b) 生产企业名称、地址和售后服务联系电话;

c) 修理者名称、地址和电话;

d) 整机三包有效期;

e) 主要零部件三包有效期;

f) 主要零部件清单;

g) 销售记录(包括销售者、销售地点、销售日期、购机发票号码);

h) 修理记录(包括送修时间、交货时间、送修故障、修理情况、换退货证明等);

i) 不实行三包情况的说明。

4.8 铭牌

4.8.1 应在机具明显位置固定产品铭牌,其型式、材质应符合 GB/T 13306 规定,要求内容齐全,字迹清晰,固定牢靠。

4.8.2 铭牌至少应包括产品型号名称、执行标准编号、配套动力范围、工作幅宽、整机质量、出厂编号、制造日期、制造商名称和地址。

5 检测方法

5.1 性能试验

5.1.1 试验条件

记录秸秆类型、耕作方式和土壤质地。土壤含水率、土壤坚实度、秸秆含水率及秸秆产量测定分别按 GB/T 24675.6—2009 中 7.1.2 的规定执行。

5.1.2 试验工况

试验机组应按使用说明书规定的正常作业速度满幅作业,测定 1 个工况、2 个行程(往返)。

5.1.3 留茬高度

每个行程在机具前进方向上测定 2 点,每点在作业幅宽上左、中、右各随机测 3 株(丛)秸秆留茬高度(根茬顶端到地面的距离,不含韧皮纤维),计算每点和工况的留茬平均高度。

5.1.4 秸秆抛撒不均匀度

每个行程在机具前进方向上等间距测定 3 点,3 点应分布在幅宽方向左、中、右位置,每点测 1 m× 1 m 面积(如幅宽小于 1 m,则面积为幅宽×1 m),捡拾所有粉碎的秸秆称重。按式(1)、式(2)计算抛撒不均匀度。

$$\overline{M} = \frac{\sum_{i=1}^{6} M_{zi}}{6} \quad \cdots\cdots\cdots\cdots\cdots\cdots\cdots\cdots\cdots\cdots\cdots\cdots\cdots (1)$$

$$F_b = \frac{1}{\overline{M}} \sqrt{\frac{\sum_{i=1}^{6}(M_{zi} - \overline{M})^2}{5}} \times 100 \quad \cdots\cdots\cdots\cdots\cdots\cdots\cdots\cdots (2)$$

式中:

$\overline{M}$ ——测区内各点秸秆平均质量,单位为克(g);

M_{zi}——第 i 测点秸秆质量,单位为克(g);

F_b ——抛撒不均匀度,单位为百分号(%)。

5.1.5 秸秆粉碎长度合格率

秸秆粉碎长度合格率与秸秆抛撒不均匀度的测定同时进行。从捡拾的秸秆中挑出粉碎长度不合格的秸秆(秸秆的粉碎长度不含其两端的韧皮纤维)称重。按式(3)～式(5)计算每点秸秆粉碎长度合格率和工况平均值。

$$F_i = \frac{M_{Li} - M_{bi}}{M_{Li}} \times 100 \quad \cdots\cdots\cdots\cdots\cdots\cdots\cdots\cdots\cdots (3)$$

$$M_{Li} = W_j \times S_i \quad \cdots\cdots\cdots\cdots\cdots\cdots\cdots\cdots\cdots\cdots\cdots\cdots (4)$$

$$\overline{F} = \frac{\sum_{i=1}^{6} F_i}{6} \quad \cdots\cdots\cdots\cdots\cdots\cdots\cdots\cdots\cdots\cdots\cdots\cdots\cdots (5)$$

式中:

F_i ——第 i 测点秸秆粉碎长度合格率,单位为百分号(%);

M_{Li} ——第 i 测点折算的秸秆质量,单位为克(g);

M_{bi} ——第 i 测点不合格秸秆质量,单位为克(g);

W_j ——秸秆产量,单位为克每平方米(g/m²);

S_i ——第 i 测点测区面积;

$\overline{F}$ ——测区内秸秆粉碎长度合格率,单位为百分号(%)。

5.1.6 纯生产率

按 GB/T 24675.6—2009 中 7.2.5 的规定执行。

5.2 安全性检查

5.2.1 按 4.2 的规定逐项检查。

5.2.2 目测检查主要紧固件强度等级,刀轴、齿轮箱等处承受载荷的紧固件,用扭矩扳手松开 1/4 圈,再用扭矩扳手拧紧到原来位置,所测值即为其拧紧力矩。测量 5 个部位,每个部位测 2 点。

5.3 整机装配、外观及涂漆质量检查

5.3.1 粉碎刀质量差:同一刀轴抽取 5 把粉碎刀,用天平称量每一粉碎刀质量,计算最重和最轻粉碎刀的质量差。

5.3.2 粉碎刀硬度:抽取 3 把粉碎刀,每把粉碎刀在硬度区打磨 2 点,用硬度计测定。若某点硬度超差,允许在该点半径 10 mm 范围再打 2 点,若该 2 点硬度达到要求则判定该点也达到要求。

5.3.3 刀轴动平衡:在动平衡机上进行刀轴(带粉碎刀)动平衡试验,记录最大的不平衡量。

5.3.4 空运转试验:用测温仪测量齿轮箱内润滑油温度,计算润滑油温升。在靠近轴颈的轴承外壳上测量轴承空运转前、后的温度,计算轴承座、轴承部位温升,每个轴承测 3 次,求平均值,取其中最大温升值作为检测结果。检查各连接件、紧固件是否松动,机具是否渗、漏油。

5.3.5 整机外观涂层质量:目测检查。漆膜厚度按 JB/T 5673—2015 第 5 章的规定测定,选取 3 个主要覆盖件,每个覆盖件测 5 点,取平均值。漆膜附着力按 JB/T 9832.2—1999 第 5 章的规定测定。

5.4 操作方便性检查

按使用说明书要求操纵机具,检查调整方便性。

5.5 可靠性评价

5.5.1 采取定时截尾试验方法,考核样机为 1 台,总作业时间为 110 h(以使用说明书明示的作业小时生产率进行作业)。试验期间记录样机的工作情况、故障情况、修复情况等,考核计算样机平均故障间隔时间(MTBF)和使用有效度(K)。可靠性试验时间和故障的分类按照 GB/T 5667 的规定。

5.5.2 平均故障间隔时间,按式(6)计算。

$$\text{MTBF} = \frac{\sum T_z}{r} \quad\cdots\cdots\cdots\cdots\cdots\cdots\cdots\cdots\cdots\cdots\cdots\cdots \quad (6)$$

式中:

MTBF ——平均故障间隔时间,单位为小时(h);

T_z ——可靠性考核期间样机的班次作业时间,单位为小时(h);

r ——可靠性考核期间样机累计发生一般故障和严重故障的次数,轻度故障不计。

注:当 $r=0$,表示样机未发生一般故障和严重故障,MTBF 为大于 110 h。

5.5.3 使用有效度,按式(7)计算。

$$K = \frac{\sum T_z}{\sum T_g + \sum T_z} \times 100 \quad\cdots\cdots\cdots\cdots\cdots\cdots\cdots\cdots\cdots \quad (7)$$

式中:

K ——使用有效度,单位为百分号(%);

T_g ——可靠性考核期间的班次故障排除时间,单位为小时(h)。

5.5.4 可靠性评价期间,发生致命故障(导致机具功能完全丧失、造成重大经济损失;危及作业安全、导致人身伤亡或引起重要总成报废的故障)时,可靠性评价结果为不合格。

5.6 使用说明书

按 4.6 的规定逐项检查。其中任一项不合格,判使用说明书不合格。

5.7 三包凭证

按 4.7 的规定逐项检查。其中任一项不合格,判三包凭证不合格。

5.8 铭牌

按 4.8 的规定逐项检查。其中任一项不合格,判铭牌不合格。

6 检验规则

6.1 不合格分类

检验项目按其对产品质量的影响程度,分为 A、B、C 3 类,不合格分类见表5。

表5 检验项目及不合格分类

不合格分类		检验项目	对应的质量要求的条款号
类别	序号		
A	1	秸秆粉碎长度合格率	4.1
	2	安全要求	4.2
	3	平均故障间隔时间	4.5
B	1	留茬高度	4.1
	2	秸秆抛撒不均匀度	4.1
	3	粉碎刀硬度	4.3.1
	4	刀轴动平衡	4.3.3
	5	齿轮箱润滑油温升	4.3.4
	6	轴承座、轴承部位温升	4.3.4
	7	使用有效度	4.5
C	1	纯生产率	4.1
	2	粉碎刀质量差	4.3.2
	3	密封性能	4.3.4
	4	整机外观涂层质量	4.3.5
	5	漆膜附着力	4.3.5
	6	漆膜厚度	4.3.5
	7	操作方便性	4.4
	8	使用说明书	4.6
	9	三包凭证	4.7
	10	铭牌	4.8

6.2 抽样方法

6.2.1 抽样方案按照 GB/T 2828.11—2008 中表 B.1 的规定执行,见表6。

表6 抽样方案

检验水平	O
声称质量水平(DQL)	1
检查总体(N)	10
样本量(n)	1
不合格品限定数(L)	0

6.2.2 在生产企业近6个月内生产的合格产品中随机抽取2台;其中1台用于检验,另1台备用。由于非质量原因造成试验无法继续进行时,启用备用样机。抽样基数不少于10台,在用户和市场抽样不受此限。

6.3 判定规则

6.3.1 对样机的 A、B、C 类检验项目逐项进行考核和判定。当 A 类不合格项目数为0(即 A＝0)、B 类不合格项目数不超过1(即 B≤1)、C 类不合格项目数不超过2(即 C≤2),判定样机为合格;否则,判定样机为不合格。

6.3.2 试验期间,因样机质量原因造成故障,致使试验不能正常进行,应判定样机不合格。

6.3.3 若样机为合格,则判检查总体为通过;若样机为不合格,则判检查总体为不通过。

附　录　A
（规范性附录）
产　品　规　格　表

产品规格表见表 A.1。

表 A.1　产品规格表

序号	项　目	单位	设计值
1	型号名称	/	
2	结构型式	/	
3	整机外形尺寸(长×宽×高)	mm	
4	整机质量	kg	
5	作业速度	km/h	
6	作业小时生产率	hm²/h	
7	工作幅宽	cm	
8	刀轴总成传动方式	/	
9	刀轴数量	个	
10	刀轴设计转速	r/min	
11	刀轴回转半径	mm	
12	粉碎刀型式	/	
13	粉碎刀总安装数量	把	
14	粉碎刀排列方式	/	
15	配套动力范围	kW	
16	配套动力输出轴转速	r/min	
17	与配套拖拉机连接方式及类别	/	
18	折叠机构型式	/	
注:整机外形尺寸测量时,样机放置在硬化场地上,机架调至水平。			

ICS 65.060.99
B 92

中华人民共和国农业行业标准

NY/T 1144—2020
代替 NY/T 1144—2006

畜禽粪便干燥机 质量评价技术规范

Technical specification of quality evaluation for livestock manure dryer

2020-07-27 发布

2020-11-01 实施

中华人民共和国农业农村部 发布

NY/T 1144—2020

前　言

本标准按照 GB/T 1.1—2009 给出的规则起草。

本标准代替 NY/T 1144—2006《畜禽粪便干燥机　质量评价技术规范》。与 NY/T 1144—2006 相比，除编辑性修改外主要技术内容变化如下：

——删除了术语和定义（见 2006 版的 3）；

——增加了质量评价所需的文件资料、主要技术参数核对与测量（见 3.1、3.2）；

——修改了试验用仪器设备的要求（见 3.4,2006 版的 5.1.3.3）；

——修改了噪声、粉尘浓度质量要求及检测方法（见 4.1、5.1.6、5.1.7,2006 版的 4.5、5.1.4.7）；

——修改了安全要求、环保卫生要求（见 4.2、4.3、5.2、5.3,2006 版的 4.3、4.2、5.2、5.3）；

——增加了轴承温升、操作方便性、三包凭证、关键零部件质量要求及检测方法（见 4.1、4.7、4.10、4.12、5.1.8、5.7、5.10、5.12）；

——删除了生产试验（见 2006 版的 5.2）；

——修改了检验规则（见 6,2006 版的 6）；

——增加了产品规格表（见附录 A）。

本标准由农业农村部农业机械化管理司提出。

本标准由全国农业机械标准化技术委员会农业机械化分技术委员会（SAC/TC 201/SC 2）归口。

本标准起草单位：辽宁省农业机械鉴定站。

本标准主要起草人：丁宁、曲文涛、曹磊、吴义龙、姚宇、柏明娜、崔向冬、杨柳、张雷、马永波、明亮、李雪静。

本标准所代替标准的历次版本发布情况为：

——NY/T 1144—2006。

畜禽粪便干燥机 质量评价技术规范

1 范围

本标准规定了畜禽粪便干燥机的基本要求、质量要求、检测方法和检验规则。

本标准适用于烘干固态畜禽粪便的滚筒式干燥机（包括破碎式和非破碎式，以下简称干燥机）的质量评定。

2 规范性引用文件

下列文件对于本文件的应用是必不可少的。凡是注日期的引用文件，仅注日期的版本适用于本文件。凡是不注日期的引用文件，其最新版本（包括所有的修改单）适用于本文件。

GB/T 2828.11—2008 计数抽样检验程序 第11部分：小总体声称质量水平的评定程序

GB/T 5667 农业机械 生产试验方法

GB/T 6971—2007 饲料粉碎机 试验方法

GB 7959 粪便无害化卫生要求

GB/T 9480 农林拖拉机和机械、草坪和园艺动力机械 使用说明书编写规则

GB 10396 农林拖拉机和机械、草坪和园艺动力机械 安全标志和危险图形 总则

GB 13271 锅炉大气污染物排放标准

GB/T 13306 标牌

GB/T 23821 机械安全 防止上下肢触及危险区的安全距离

JB/T 9832.2—1999 农林拖拉机及机具 漆膜 附着性能测定方法 压切法

3 基本要求

3.1 质量评价所需的文件资料

对干燥机进行质量评价所需提供的文件资料应包括：

a) 产品规格表（见附录A），并加盖企业公章；

b) 企业产品执行标准或产品制造验收技术条件；

c) 产品使用说明书；

d) 三包凭证；

e) 样机照片4张（正前方、正后方、左前方45°、右前方45°各1张）。

3.2 主要技术参数核对与测量

依据产品使用说明书、铭牌和企业提供的其他技术文件，对样机的主要技术参数按表1的要求进行核对或测量。

表1 核测项目与方法

序号	项目	方法
1	规格型号	核对
2	结构型式（破碎式、非破碎式）	核对
3	配套总功率	核对
4	主机外形尺寸（长×宽×高）	测量
5	滚筒直径	测量
6	滚筒转速	测量
7	滚筒有效加热面积	核对
8	破碎装置转速（破碎式）	测量

表 1（续）

序号	项目	方法
9	热源型式	核对
10	燃料种类	核对
11	小时水分蒸发量	核对
注：主机不包括热风炉、电控柜等附属设备。		

3.3 试验条件

3.3.1 试验样机的安装应符合产品使用说明书规定。样机四周距其表面 3 m 范围内不应有对噪声具有反射作用的物体。

3.3.2 试验动力应采用电动机，其功率应符合产品使用说明书规定。

3.3.3 试验电压应在 380 V(或 220 V)×(1±5)%范围内。

3.3.4 试验样机应按产品使用说明书要求进行调整和维护保养。

3.3.5 试验物料为畜禽粪便。试验物料含水率应不大于 85%，且不应含有石块、金属等杂质。

3.4 主要仪器设备

试验用仪器设备应经过计量检定合格或校准且在有效期内。仪器设备的测量范围和准确度要求应不低于表 2 的规定。

表 2 主要仪器设备测量范围和准确度要求

序号	测量参数		测量范围	准确度要求
1	耗电量		0 kW·h～500 kW·h	2%
2	噪声		36 dB(A)～130 dB(A)	1 dB(A)
3	温度		0℃～200℃	1℃
4	质量	试验物料	0 kg～100 kg	50 g
		样品检验	0 g～2 000 g	0.01 g
		粉尘检验	0 g～200 g	0.1 mg
5	时间		0 h～24 h	1 s/d
6	绝缘电阻		0 MΩ～200 MΩ	10 级
7	流量(粉尘)		5 L/min～35 L/min	1 L/min

4 质量要求

4.1 性能要求

干燥机的性能指标应符合表 3 的规定。

表 3 性能指标要求

序号	项目	质量指标	对应的检测方法条款号
1	小时水分蒸发量,kg/h	不低于企业明示值	5.1.3
2	单位耗热量,kJ/kg	≤6 500	5.1.4
3	单位耗电量,kW·h/kg	≤43.5	5.1.5
4	噪声,dB(A)	≤85	5.1.6
5	粉尘浓度,mg/m³	≤10	5.1.7
6	轴承温升,℃	≤35	5.1.8

4.2 安全要求

4.2.1 外露的皮带轮、链轮、传动带、链条等运动件均应有安全防护罩，防护罩应有足够强度、刚度，保证在正常使用中不产生裂缝、撕裂或永久变形。防护罩的安全距离应符合 GB/T 23821 的规定。

4.2.2 不能进行防护的功能转动件、可开启的防护装置、高温部位及可能影响人身安全的部位应有符合 GB 10396 规定的安全标志。

4.2.3 带电电路与人体可能触及的机体间的绝缘电阻应不小于 20 MΩ。

4.2.4 配电箱(或电控箱)的布线应整齐、清晰、合理,应有过载保护装置、漏电保护装置和防潮、防水措施,应有醒目的防触电安全标志,操纵按钮处应用中文文字或符号标志标明用途。

4.2.5 干燥机的配套设备如超出周围建筑高度,应设置避雷装置。

4.2.6 应在使用说明书中提示用户,安装时干燥机与热风炉应设有防火隔离设施或防爆装置,并配备可靠的消防器材。

4.3 环保卫生要求

4.3.1 干燥机配套热风炉的颗粒物排放浓度、二氧化硫排放浓度及烟气黑度应符合 GB 13271 的规定。

4.3.2 干燥机处理的畜禽粪便的蛔虫卵死亡率、粪大肠菌值应符合 GB 7959 的规定。

4.4 装配质量

4.4.1 各紧固件应牢固可靠,不应有松动现象。

4.4.2 各运转部件应运转自如、平稳,不应有异常振动、异常声响和卡阻现象。

4.4.3 各操作及调节装置应灵活可靠。

4.4.4 焊接部位焊缝应均匀牢固,不应有裂纹、气孔、夹渣、漏焊、烧穿和虚焊等缺陷。

4.5 外观质量

干燥机表面应平整光滑,不应有碰伤划伤痕迹及制造缺陷。油漆表面应色泽均匀,不应有露底、起泡、起皱、流挂现象。

4.6 涂漆质量

4.6.1 涂漆附着力应符合 JB/T 9832.2—1999 中表 1 规定的 II 级或 II 级以上要求。

4.6.2 漆膜厚度应不低于 45 μm。

4.7 操作方便性

4.7.1 干燥机的结构应布局合理,保证使用、维护和维修时操作人员有足够的活动空间。

4.7.2 各润滑油注入点应设计合理,保证保养时不受其他部件和设备的阻碍。

4.7.3 物料的喂入及成品收集应便于操作,不受阻碍。

4.7.4 借助普通扳手、钳子等工具应能顺利更换易损件。

4.8 使用有效度

干燥机使用有效度应不低于 90%。

4.9 使用说明书

使用说明书的编制应符合 GB/T 9480 的规定,其内容至少应包括:

  a) 安全警告标志、标识的样式,明示粘贴位置;
  b) 主要用途和适用范围;
  c) 主要技术参数;
  d) 正确的安装与调试方法;
  e) 操作方法;
  f) 安全注意事项;
  g) 维护与保养要求;
  h) 常见故障及排除方法;
  i) 易损件清单;
  j) 产品执行标准。

4.10 三包凭证

干燥机应有三包凭证,三包凭证应包括以下内容:

a) 产品品牌(如有)、型号规格、购买日期、产品编号;

b) 生产者名称、联系地址、电话;

c) 已经指定销售者和修理者的,应有销售者和修理者的名称、联系地址、电话、三包项目;

d) 整机三包有效期;

e) 主要零部件名称和质量保证期;

f) 易损件及其他零部件名称和质量保证期;

g) 销售记录(包括销售者、销售地点、销售日期、购机发票号码);

h) 修理记录(包括送修时间、交货时间、送修故障、修理情况、换退货证明);

i) 不实行三包的情况说明。

4.11 铭牌

干燥机应有铭牌,其规格、材质应符合 GB/T 13306 的规定,且固定在明显位置。至少应包括以下内容:产品名称和型号、制造厂名称及地址、产品执行标准、主要技术参数(包括小时水分蒸发量、配套总功率、整机外形尺寸、滚筒转速等)、生产日期、出厂编号等内容。

4.12 关键零部件质量

4.12.1 关键零部件包括轴类、轴承座、转子、齿轮等机械加工件。

4.12.2 关键零部件质量应符合制造单位技术文件要求。

4.12.3 关键零部件检验项次合格率应不低于90%。

5 检测方法

5.1 性能试验

5.1.1 试验要求

5.1.1.1 试验前,根据干燥机额定处理量计算并准确称量足够的试验物料。并在试验物料堆四周的上、中、下不同部位各取不少于1 kg样品(共计12份),将样品统一装入容器快速混匀后采用四分法缩分,样品缩分至1 kg为止,装入样品瓶内严密封口,用于入机物料含水率测定。

5.1.1.2 干燥机应进行不少于10 min的空运转,检查各运动件是否工作正常、平稳。

5.1.1.3 空运转结束后,可按产品使用说明书规定对干燥机进行调试,配套热源输出热量(热功率)应符合使用说明书的规定,使干燥机达到正常工作状态。

5.1.1.4 干燥机调试正常后,开始负载试验。负载试验进行1次,试验时间不少于1 h。

5.1.2 物料含水率

分别取样3次,每次取样约50 g(准确至0.01 g),在(105±2)℃恒温烘箱下烘干到质量不变为止,再称其质量,按式(1)计算,取其平均值作为测试结果:

$$w_1 = \frac{m_s - m_g}{m_s} \times 100 \quad \cdots\cdots\cdots\cdots\cdots\cdots\cdots\cdots\cdots\cdots\cdots\cdots\cdots\cdots (1)$$

式中:

w_1——物料含水率,单位为百分号(%);

m_s——烘干前样品质量,单位为克(g);

m_g——烘干后样品质量,单位为克(g)。

5.1.3 小时水分蒸发量

当干燥机达到正常工作状态时,开始均匀加入已称量好试验物料,并记录开始工作时间,待试验物料排出干燥机5 min后开始接取样品,在试验前、中、后期共接取5次,每次不少于1 kg,试验结束后样品按5.1.1.1方法处理,用于出机物料含水率、蛔虫卵死亡率、粪大肠杆菌值检验,试验物料全部排出干燥机时,记录结束时间。按式(2)计算每次处理量,按式(3)计算每次小时水分蒸发量。

$$P = \frac{G_1}{T} \quad \cdots\cdots\cdots\cdots\cdots\cdots\cdots\cdots\cdots\cdots\cdots\cdots\cdots\cdots\cdots\cdots\cdots\cdots\cdots\cdots\cdots \quad (2)$$

式中：

P ——处理量,单位为千克每小时(kg/h);

G_1 ——入机物料质量,单位为千克(kg);

T ——实际测定时间,单位为小时(h)。

$$W = P \times \frac{W_{1r} - W_{1c}}{100 - W_{1c}} \quad \cdots\cdots\cdots\cdots\cdots\cdots\cdots\cdots\cdots\cdots\cdots\cdots\cdots\cdots\cdots\cdots\cdots \quad (3)$$

式中：

W ——小时水分蒸发量,单位为千克每小时(kg/h);

W_{1r} ——入机物料含水率,单位为百分号(%);

W_{1c} ——出机物料含水率,单位为百分号(%)。

5.1.4 单位耗热量

记录试验期间燃料消耗量,按式(4)计算单位耗热量。

$$q_r = \frac{B_r \times Q_{DW}^y}{W \times T} \quad \cdots\cdots\cdots\cdots\cdots\cdots\cdots\cdots\cdots\cdots\cdots\cdots\cdots\cdots\cdots\cdots\cdots \quad (4)$$

式中：

q_r ——单位耗热量,单位为千焦每千克(kJ/kg);

B_r ——燃料消耗量,单位为千克(kg);

Q_{DW}^y ——燃料低位发热量,单位为千焦每千克(kJ/kg)。

5.1.5 单位耗电量

记录试验期间的耗电量(仅包括干燥机配套电机、进料装置电机、出料装置电机、电控装置和温控装置的耗电量),按式(5)计算单位耗电量。

$$q_d = \frac{D}{W \times T} \quad \cdots\cdots\cdots\cdots\cdots\cdots\cdots\cdots\cdots\cdots\cdots\cdots\cdots\cdots\cdots\cdots\cdots\cdots\cdots \quad (5)$$

式中：

q_d ——单位耗电量,单位为千瓦时每千克(kW·h/kg);

D ——耗电量,单位为千瓦时(kW·h)。

5.1.6 噪声

a) 噪声测定位置选择对应干燥机滚筒长度三等分点,测点距干燥机水平距离 1 m,距地面 1.5 m 处,两侧共 4 点,用声级计测量 4 个测点的 A 计权声压级,测量时声级计的传声器应朝向干燥机,每点至少测量 3 次,分别计算各点噪声平均值,并按 5.1.6 中 b)规定对结果进行修正。以各测点修正后最大噪声值作为测量结果。

b) 试验前,在各测点测量背景噪声。当各测点平均噪声值与背景噪声差值小于 3 dB(A)时,测量结果无效;当各测点平均噪声值与背景噪声差值大于 10 dB(A)时,测量结果不需修正;当各测点平均噪声值与背景噪声差值在 3 dB(A)～10 dB(A)时,测量结果应减去修正值,噪声修正值见表 4。

表 4 噪声修正值

平均噪声值与背景噪声差值,dB(A)	3～<4	4～<6	6～<9	9～10
噪声修正值,dB(A)	3	2	1	0.5

5.1.7 粉尘浓度

开始负载试验 10 min 后,在干燥机出口处选取两点测量粉尘浓度,测点距干燥机 1 m,距地面 1.5 m,用粉尘采样仪按 GB/T 6971—2007 中 5.1.6 规定进行测量和计算;或采用粉尘浓度速测仪进行测定,按上述方法选点,每点至少测量 3 次,分别计算各点粉尘浓度平均值。以最高点作为试验结果。

5.1.8 轴承温升

试验前测量主轴轴承座外壳温度,负载试验结束时,测量主轴承座外壳温度,计算轴承温升,测量 3 次,取最大值作为测量结果。

5.2 安全要求

5.2.1 检查干燥机是否符合 4.2.1、4.2.2、4.2.4、4.2.5、4.2.6 的要求。

5.2.2 用绝缘电阻测量仪施加 500 V 电压,测量各电动机接线端子与干燥机机体间的绝缘电阻值。

5.3 环保卫生要求

5.3.1 干燥机配套热风炉的颗粒物排放浓度、二氧化硫排放浓度及烟气黑度按照 GB 13271 的规定测定。

5.3.2 干燥机处理的畜禽粪便的蛔虫死亡率、粪大肠菌值按照 GB 7959 的规定测定。

5.4 装配质量

通过实际操作,检查干燥机是否符合 4.4 的要求。

5.5 外观质量

采用目测法检查干燥机是否符合 4.5 的要求。

5.6 涂漆质量

在干燥机涂漆表面任选 3 处,用测厚仪测量漆膜厚度,以最小值为测量结果,并按 JB/T 9832.2— 1999 的规定进行检查漆膜附着力。

5.7 操作方便性

通过实际操作,观察干燥机是否符合 4.7 的要求。

5.8 使用有效度

按 GB/T 5667 的规定进行使用有效度考核,考核时间为 160 h。使用有效度按式(6)计算。

$$K_c = \frac{\sum T_z}{\sum T_g + \sum T_z} \times 100 \quad \cdots\cdots\cdots\cdots\cdots\cdots\cdots\cdots\cdots\cdots \quad (6)$$

式中:

K_c——使用有效度,单位为百分号(%);

T_z——生产考核期间每班次作业时间,单位为小时(h);

T_g——生产考核期间每班次故障时间,单位为小时(h)。

5.9 使用说明书

按照 4.9 的规定逐项检查是否符合的要求。其中任一项不合格,判使用说明书不合格。

5.10 三包凭证

按照 4.10 的规定逐项检查是否符合的要求。其中任一项不合格,判三包凭证不合格。

5.11 铭牌

按照 4.11 的规定逐项检查是否符合的要求。其中任一项不合格,判铭牌不合格。

5.12 关键零部件质量

5.12.1 在制造单位合格品区或半成品库中随机抽取关键零件,零部件不少于 3 种,每种不少于 2 件。

5.12.2 检验总项次数应不少于 40 项次。按制造单位的技术文件要求检验机械加工件的尺寸公差或形位公差等。

6 检验规则

6.1 不合格分类

检验项目按其对产品质量影响的程度分为 A、B、C 3 类,不合格项目分类见表5。

表5 检验项目及不合格分类

项目分类	序号	检验项目	对应的质量要求的条款号
A	1	安全要求	4.2
	2	环保卫生要求	4.3
	3	噪声	4.1
	4	粉尘浓度	4.1
	5	小时水分蒸发量	4.1
B	1	单位耗热量	4.1
	2	单位耗电量	4.1
	3	轴承温升	4.1
	4	使用有效度	4.8
	5	关键零件检验项次合格率	4.12
C	1	装配质量	4.4
	2	外观质量	4.5
	3	涂漆质量	4.6
	4	操作方便性	4.7
	5	使用说明书	4.9
	6	三包凭证	4.10
	7	铭牌	4.11

6.2 抽样方案

抽样方案按 GB/T 2828.11—2008 中表 B.1 的规定制订,见表6。

表6 抽样方案

检验水平	O
声称质量水平(DQL)	1
核查总体(N)	10
样本量(n)	1
不合格品限定数(L)	0

6.3 抽样方法

根据抽样方案确定,抽样基数为 10 台,抽样数量为 1 台。样机应在制造单位近一年内生产且自检合格的产品中随机抽取(其中,在用户中或销售部门抽样时不受抽样基数限制)。

6.4 判定规则

6.4.1 对样机的 A、B、C 类检验项目逐项进行考核和判定。当 A 类不合格项目数为 0(即 A=0)、B 类不合格项目数不超过 1(即 B≤1)、C 类不合格项目数不超过 2(即 C≤2),判定样机为合格品;否则,判定样机为不合格品。

6.4.2 试验期间,因样机质量原因造成故障,致使试验不能正常进行,应判定产品不合格。

6.4.3 若样机为合格则判检查总体为通过,若样机为不合格则判检查总体为不通过。

附　录　A
（规范性附录）
产　品　规　格　表

产品规格表见表 A.1。

表 A.1　产品规格表

序号	项目	单位	规格
1	规格型号	/	
2	结构型式（破碎式、非破碎式）	/	
3	配套总功率	kW	
4	主机外形尺寸（长×宽×高）	mm	
5	滚筒直径	mm	
6	滚筒转速	r/min	
7	滚筒有效加热面积	m^2	
8	破碎装置转速（破碎式）	r/min	
9	热源型式	/	
10	燃料种类	/	
11	小时水分蒸发量	kg/h	
注：主机不包括热风炉、电控柜等附属设备。			

ICS 65.060
B 91

中华人民共和国农业行业标准

NY/T 1558—2020
代替 NY/T 1558—2007

天然橡胶初加工机械　干燥设备

Machinery for primary processing of natural rubber
Drying equipment

2020-11-12 发布

2021-04-01 实施

中华人民共和国农业农村部 发布

前　言

本标准按照 GB/T 1.1—2009 给出的规则编制。

本标准代替 NY/T 1558—2007《天然橡胶初加工机械　干燥设备》。与 NY/T 1558—2007 相比,除编辑性修改外主要技术变化如下:

——对"供热系统设备"的定义进行了修改(见 3.2,2007 年版的 3.2);

——修改了产品型号规格的表示方法(见 4.2,2007 年版的 4.1);

——修改了产品型号和主要技术参数(见 4.3,2007 年版的 4.2);

——删除了"一般要求"中对焊条的要求(见 2007 年版的 5.1.6);

——增加了外观质量、铸锻件质量、焊接件质量、涂漆质量和装配质量要求(见 5.1.8);

——增加了可用度、加工质量要求(见 5.1.9 和 5.1.10);

——修改了干燥房(柜)的技术要求(见 5.2.1,2007 年版的 5.2.1);

——修改了干燥车的技术要求(见 5.2.2,2007 年版的 5.2.2);

——修改了推进器的技术要求(见 5.2.3,2007 年版的 5.2.3);

——修改了燃油炉的技术要求(见 5.2.5.2,2007 年版的 5.2.5.2 和 5.2.5.3);

——增加了安全要求(见 5.3);

——增加了可用度、尺寸公差、表面粗糙度等指标的试验方法(见 6.3);

——修改了出厂检验项目(见 7.1.2,2007 年版的 7.2);

——增加了型式检验,包括抽样方法、检验项目、不合格分类及判定规则(见 7.2)。

请注意本文件的某些内容可能涉及专利。本文件的发布机构不承担识别这些专利的责任。

本标准由中华人民共和国农业农村部提出。

本标准由农业农村部热带作物及制品标准化技术委员会归口。

本标准起草单位:中国热带农业科学院农产品加工研究所。

本标准主要起草人:黄晖、张帆、王晓芳、陈民。

本标准所代替标准的历次版本发布情况为:

——NY/T 1558—2007。

天然橡胶初加工机械 干燥设备

1 范围

本标准规定了天然橡胶初加工机械干燥设备的术语和定义、产品型号规格和主要技术参数、技术要求、试验方法、检验规则及标志、包装、运输和储存等要求。

本标准适用于天然橡胶初加工机械干燥设备。

2 规范性引用文件

下列文件对于本文件的应用是必不可少的。凡是注日期的引用文件,仅注日期的版本适用于本文件。凡是不注日期的引用文件,其最新版本(包括所有的修改单)适用于本文件。

GB/T 700 碳素结构钢

GB/T 1031 产品几何技术规范(GPS) 表面结构 轮廓法 表面粗糙度参数及其数值

GB/T 1800.2 产品几何技术规范(GPS) 极限与配合 第2部分:标准公差等级和孔、轴极限偏差表

GB/T 2828.1 计数抽样检验程序 第1部分:按接收质量限(AQL)检索的逐批检验抽样计划

GB/T 3177 产品几何技术规范(GPS) 光滑工件尺寸的检验

GB/T 5226.1 机械安全 机械电气设备 第1部分:通用技术条件

GB/T 8081 天然生胶 技术分级橡胶(TSR)规格导则

GB T 8196 机械安全 防护装置 固定式和活动式防护装置的设计与制造一般要求

GB/T 9439 灰铸铁件

GB/T 10067.1 电热装置基本技术条件 第1部分 通用部分

GB/T 10610 产品几何技术规范(GPS) 表面结构 轮廓法 评定表面结构的规则和方法

JB/T 10563 一般用途离心通风机 技术条件

NY/T 409 天然橡胶初加工机械通用技术条件

NY/T 460 天然橡胶初加工机械 干燥车

NY/T 461 天然橡胶初加工机械 推进器

NY/T 462 天然橡胶初加工机械 燃油炉 质量评价技术规范

NY/T 1036 热带作物机械 术语

3 术语和定义

NY/T 1036 界定的以及下列术语和定义适用于本文件。

3.1

橡胶干燥设备 rubber drying equipment

干燥房(柜)、干燥车、推进器、渡车和供热系统等设备的总称。

3.2

供热系统设备 heating system equipment

供热炉、风机和风管等设备的总称。

4 产品型号规格和主要技术参数

4.1 产品型号规格的编制方法

产品型号规格的编制应符合 NY/T 409 的规定。

4.2 产品型号规格的表示方法

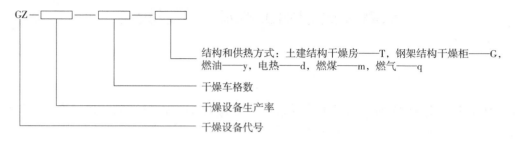

示例:

GZ-2-28-Gy,表示干燥设备生产率 2 t/h(干胶),干燥车格数为 28,钢架结构干燥柜,燃油供热。

4.3 产品型号和主要技术参数

产品型号和主要技术参数见表 1。

表 1 产品型号和主要技术参数

产品型号	生产率 t/h(干胶)	耗油量 kg/t(干胶)	耗气量 m³/t(干胶)	耗电量 kW·h/t(干胶)	耗煤量 kg/t(干胶)
GZ-1	1.0	≤36	≤36	≤360	≤150
GZ-2	2.0	≤33	≤33	≤330	≤140
GZ-3	3.0	≤32	≤32	≤320	≤130
GZ-4	4.0	≤30	≤30	≤300	≤120
GZ-5	5.0	≤28	≤28	≤300	≤120

注 1:加工原料为全乳胶。
注 2:能源消耗量为供热炉的能源消耗量。
注 3:耗油量、耗气量、耗煤量分别指柴油、液化天然气、标准煤的消耗量。

5 技术要求

5.1 一般要求

5.1.1 应按经规定程序批准的图样和技术文件制造。

5.1.2 干燥设备的设计、布局应合理,便于操作、控制及维修。

5.1.3 整机应运行平稳、无异常声响,运动部分应运转灵活、无阻滞、无明显的振动和冲击。

5.1.4 干燥房(柜)进、出料段中的风压应为负压。

5.1.5 干燥房(柜)热端进口温度应不小于 128℃,升温到规定温度的时间应不超过 40 min;空载时干燥房(柜)内稳定温度应为(120±3)℃。

5.1.6 减速箱及其他密封润滑部位不应有渗漏现象。

5.1.7 调整装置应灵活可靠,紧固件无松动。

5.1.8 外观质量、铸锻件质量、焊接件质量、涂漆质量和装配质量应符合 NY/T 409 的有关规定。

5.1.9 可用度应不小于 93%。

5.1.10 加工后的胶料应符合 GB/T 8081 的相关要求。

5.2 主要零部件要求

5.2.1 干燥房(柜)

5.2.1.1 干燥房(柜)的结构应与相应的干燥车结构对应,干燥车上下通风空间的高度应不小于 400 mm。

5.2.1.2 干燥柜框架应采用力学性能不低于 GB/T 700 中 Q235 的材料制造,干燥柜内侧框架面板应采用不易氧化生锈、耐酸蚀的材料。

5.2.1.3 保温层应采用导热系数不大于 0.045 W/(m·K)的材料。

5.2.1.4 干燥房(柜)内螺栓、螺母应采用不锈钢螺栓、螺母。

5.2.1.5 干燥房(柜)分段处应有可调节的密封装置,密封装置应采用耐热性能不低于150℃的工业用橡胶。

5.2.2 干燥车

干燥车应符合 NY/T 460 的规定。

5.2.3 推进器

推进器应符合 NY/T 461 的规定。

5.2.4 渡车

5.2.4.1 车轮应采用力学性能不低于 GB/T 9439 中 HT200 的材料制造,轮轴应采用力学性能不低于 GB/T 700 中 Q235 的材料制造。

5.2.4.2 车轮及轮轴的轴承位直径公差应符合 GB/T 1800.2 中 JS6 及 js7 的规定,轴承位表面粗糙度应不低于 GB/T 1031 规定的 Ra3.2。

5.2.5 供热系统设备

5.2.5.1 供热炉的结构应满足相关要求,有利于载热气体的保温与输送,操作应方便、安全可靠。燃油、燃气炉应符合 NY/T 462 的规定,电热炉应符合 GB/T 10067.1 的规定。

5.2.5.2 风机应符合 JB/T 10563 的规定。

5.2.5.3 风管应采用力学性能不低于 GB/T 700 中 Q235 的材料制造,保温层应采用导热系数不大于 0.045 W/(m·K)的材料。

5.3 安全要求

5.3.1 电控装置应灵敏、安全可靠。燃油、燃气供应系统应设有在断电时可自动切断的装置。

5.3.2 电气设备应符合 GB/T 5226.1 的规定。

5.3.3 设备应有可靠的接地保护装置,接地电阻应不大于 10 Ω。

5.3.4 外露运动件应有安全防护装置,防护装置应符合 GB/T 8196 的规定。

5.3.5 在可能危及人员安全的部位,应在明显处设有安全警示标志。

6 试验方法

6.1 空载试验

6.1.1 每台设备均应进行空载试验,空载试验应在总装检验合格后进行。

6.1.2 空载试验时间应不少于 2 h。试验项目、方法和要求见表 2。

表 2 空载试验项目、方法和要求

序号	试验项目	试验方法	要求
1	运行平稳性及声响	感官	符合 5.1.3 的规定
2	减速箱的渗漏情况	目测	符合 5.1.6 的规定
3	电控装置的灵敏性	感官	符合 5.3.1 的规定
4	安全防护	目测	符合 5.3.4 的规定
5	干燥车的定位准确性	目测	干燥车与干燥房(柜)平齐
6	热空气的升温情况	用温度计或热电偶测定	升温时间应不超过 40 min,干燥房(柜)内稳定温度应为(120±3)℃
7	设备保温情况	用温度计测定	干燥房(柜)表面温度≤45℃
8	设备密封、负压情况	感官	无热风泄漏

6.2 负载试验

6.2.1 应在空载试验合格后进行。

6.2.2 在正常生产及满负荷条件下,连续工作时间应不少于 6 h,试验项目、方法和要求见表 3。

表 3 负载试验项目、方法和要求

序号	试验项目	试验方法	要求
1	运行平稳性及声响	感官	符合 5.1.3 的规定
2	减速箱的渗漏情况	目测	符合 5.1.6 的规定
3	电控装置的灵敏性	感官	符合 5.3.1 的规定
4	安全防护	目测	符合 5.3.4 的规定
5	干燥车的定位准确性	目测	干燥车与干燥房(柜)平齐
6	热空气的升温情况	用温度计或热电偶测定	升温时间应不超过 40 min
7	设备保温情况	用温度计测定	干燥房(柜)表面温度≤45℃
8	设备密封、负压情况	感官	无热风泄漏
9	生产率	按 NY/T 409 规定的方法执行	符合表 1 的规定
10	能源消耗量	按 NY/T 409 规定的方法执行	符合表 1 的规定

6.3 其他指标试验方法

6.3.1 可用度的测定应按 NY/T 409 规定的方法执行。

6.3.2 尺寸公差的测定应按 GB/T 3177 规定的方法执行。

6.3.3 表面粗糙度的测定应按 GB/T 10610 规定的方法执行。

7 检验规则

7.1 出厂检验

7.1.1 出厂检验应实行全检。产品需经制造厂检验合格,并签发"产品合格证"后方可出厂。

7.1.2 出厂检验项目及要求:
——外观质量应符合 5.1.8 的有关规定;
——涂漆质量应符合 5.1.8 的有关规定;
——装配质量应符合 5.1.8 的有关规定;
——空载试验应符合 6.1 的规定。

7.1.3 用户有要求时,可进行负载试验。负载试验应符合 6.2 的规定。

7.2 型式检验

7.2.1 有下列情况之一时,应对产品进行型式检验:
——新产品或老产品转厂生产时;
——正式生产后,结构、材料、工艺等有较大改变,可能影响产品性能时;
——正常生产时,定期或周期性的抽查检验;
——产品长期停产后恢复生产时;
——出厂检验发现产品质量显著下降时;
——质量监督机构提出进行型式检验要求时。

7.2.2 型式检验应实行抽检,抽样方法应符合 GB/T 2828.1 中正常检查一次抽样方案的规定。

7.2.3 样本应在制造单位近 1 年内生产的合格产品中随机抽取,抽样检查批量应不少于 3 台,样本大小为 2 台。在销售部门抽样时,不受上述限制。

7.2.4 零部件应在零部件成品库或装配线上已检验合格的零部件中抽取,也可在样机上拆取。

7.2.5 型式检验项目、不合格分类见表4。

表4 型式检验项目、不合格分类

不合格分类	检验项目	样本数	项目数	检查水平	样本大小字码	AQL	Ac	Re
A	1. 生产率 2. 可用度 3. 安全防护		3			6.5	0	1
B	1. 减速箱渗漏情况 2. 干燥车的定位准确性 3. 热空气升温情况 4. 设备保温情况 5. 设备密封、负压情况	2	5	S-I	A	25	1	2
C	1. 运行平稳性及声响 2. 电控装置的灵敏性 3. 装配质量 4. 涂漆质量 5. 外观质量 6. 标志和技术文件		6			40	2	3
注1：AQL为接收质量限，Ac为接收数，Re为拒收数。 注2：监督性检验可以不做可用度检查。								

7.2.6 判定规则：评定时采用逐项检验考核，A、B、C各类的不合格项小于或等于Ac为合格，大于或等于Re为不合格。A、B、C各类均合格时，该批产品为合格品，否则为不合格品。

8 标志、包装、运输和储存

产品的标志、包装、运输和储存要求应符合NY/T 409的规定。

ICS 65.060.50
B 91

中华人民共和国农业行业标准

NY/T 1875—2020
代替 NY/T 1875—2010

联合收获机报废技术条件

Technical requirement of scrapping for combine-harvester

2020-07-27 发布

2020-11-01 实施

中华人民共和国农业农村部 发布

前　言

本标准按照 GB/T 1.1—2009 给出的规则起草。

本标准代替 NY/T 1875—2010《联合收割机禁用与报废技术条件》。与 NY/T 1875—2010 相比,除编辑性修改外主要内容变化如下:

——名称修改为《联合收获机报废技术条件》;

——修改了规范性引用文件(见 2,2010 版的 2);

——删除了自走式联合收割机、悬挂式联合收割机、禁用的术语和定义(见 2010 版的 3.1、3.2、3.3);

——删除了禁用技术要求(见 2010 版的 4);

——增加了功率修正值、实测燃油消耗率修正值、动态环境噪声、操作者操作位置处噪声、制动性能、总损失率和破碎率指标和安全要求(见 4.1.1、4.1.2、4.1.3、4.1.5、4.1.9、4.1.6、4.1.7、4.1.8);

——删除了联合收获机使用年限和修理的要求(见 2010 版的 5.1.1、5.1.2);

——删除了联合收获机评估大修费用的要求(见 2010 版的 5.1.4);

——删除了国家明令淘汰的要求(见 2010 版的 5.1.5);

——增加了小麦和水稻联合收获机喂入量、玉米联合收获机纯工作小时生产率的要求和检测方法(见 4.1.10、5.5);

——增加了排气烟度限值指标和检测方法(见 4.1.4、5.3);

——删除了安全装置的检测方法(见 2010 版的 6.5)。

本标准由农业农村部农业机械化管理司提出。

本标准由全国农业机械标准化技术委员会农业机械化分技术委员会(SAC/TC 201/SC 2)归口。

本标准起草单位:甘肃省农业机械质量管理总站、会宁县耘丰农业机械制造有限公司。

本标准主要起草人:程兴田、王天果、赵建托、郑书雅、刘燕、潘卫云、岳腾飞。

本标准所代替标准的历次版本发布情况为:

——NY/T 1875—2010。

联合收获机报废技术条件

1 范围

本标准规定了联合收获机报废的术语和定义、报废技术要求和检测方法。

本标准适用于小麦、水稻和玉米联合收获机。

2 规范性引用文件

下列文件对于本文件的应用是必不可少的。凡是注日期的引用文件,仅注日期的版本适用于本文件。凡是不注日期的引用文件,其最新版本(包括所有的修改单)适用于本文件。

GB/T 6072.1 往复式内燃机 性能 第1部分:功率、燃料消耗和机油消耗的标定及试验方法 通用发动机的附加要求

GB/T 8097 收获机械 联合收割机 试验方法

GB/T 14248 收获机械 制动性能测定方法

GB/T 21961 玉米收获机械 试验方法

GB 36886—2018 非道路柴油移动机械排气烟度限值及测量方法

JB/T 6268 自走式收获机械 噪声测定方法

3 术语和定义

下列术语和定义适用于本文件。

3.1

报废 discard as useless

因使用年限长等,联合收获机技术状况恶化或安全性达不到规定不再继续使用而作的废止处理。

3.2

功率允许值 allowable power

在用联合收获机发动机标定工况下,功率的最低限值。

3.3

燃油消耗率允许值 allowable fuel consumption

在用联合收获机发动机标定工况下,燃油消耗率的最高限值。

4 报废技术要求

4.1 具备4.1.1~4.1.11条件之一的自走式联合收获机应报废;具备4.1.8~4.1.11条件之一的悬挂式联合收获机应报废。

4.1.1 实测功率修正值小于发动机功率允许值。功率允许值按式(1)计算。

$$P_{yx} = 0.85 P_{bd} \quad \cdots\cdots\cdots\cdots\cdots\cdots\cdots\cdots\cdots\cdots\cdots\cdots\cdots\cdots\cdots\cdots \quad (1)$$

式中:

P_{yx}——发动机功率允许值,单位为千瓦(kW);

P_{bd}——发动机标定功率,单位为千瓦(kW)。

4.1.2 实测燃油消耗率修正值大于发动机燃油消耗率允许值。燃油消耗率允许值按式(2)计算。

$$g_{yx} = 1.2 g_{bd} \quad \cdots\cdots\cdots\cdots\cdots\cdots\cdots\cdots\cdots\cdots\cdots\cdots\cdots\cdots\cdots\cdots\cdots \quad (2)$$

式中:

g_{yx}——发动机燃油消耗率允许值,单位为克每千瓦时[g/(kW·h)];

g_{bd}——发动机标定燃油消耗率,单位为克每千瓦时[g/(kW·h)]。

4.1.3 动态环境噪声大于 87 dB(A),操作者操作位置处噪声大于 95 dB(A)。

4.1.4 排气烟度限值不符合 GB 36886—2018 中第 4 章的规定。

4.1.5 制动性能至少有一项不符合表 1 的要求。

表 1 制动性能

型式	驻车制动性能	行车制动性能	
		制动初速度,km/h	制动距离,m
轮式	在 20% 的纵向干硬平整坡道上可靠停驻	20(最高速度低于 20 km/h 的为最高速度)	制动器冷态时≤6 制动器热态时≤9
履带式	在 25% 的纵向干硬平整坡道上可靠停驻	/	/

4.1.6 前、后桥有影响安全的变形和裂纹。

4.1.7 发动机支架有裂纹。

4.1.8 机架不完整,有变形、裂纹或严重锈蚀现象。

4.1.9 总损失率和破碎率指标至少有一项大于表 2 的要求。

表 2 总损失率和破碎率指标

作物名称	作业条件	指标		
		总损失率,%		破碎率,%
小麦	作物直立、草谷比为 0.8～1.2、籽粒含水率为 10%～20%、茎秆含水率为 10%～25%	全喂入式	3.0	3.5
		半喂入式	4.0	
水稻	作物直立、草谷比为 1.0～2.4、籽粒含水率为 15%～28%、茎秆含水率为 20%～60%	4.0		3.5
玉米	籽粒含水率为 25%～35%、植株倒伏率不大于 5%、果穗下垂率不大于 15%	果穗式	5.0	2.0
		籽粒式	6.0	3.5

4.1.10 在表 2 规定的作业条件下,小麦或水稻联合收获机喂入量不大于最小明示值 50%;玉米联合收获机纯工作小时生产率不大于最小明示值 50%。

4.1.11 损坏严重无法修复。

5 检测方法

5.1 功率和燃油消耗率的检测

5.1.1 功率按照 GB/T 6072.1 进行检测,实测功率按式(3)修正,环境修正系数中间值采用线性插入法。

$$P_{er} = \alpha P_{en} \quad\cdots\cdots\cdots\cdots\cdots\cdots\cdots\cdots\cdots\cdots \quad (3)$$

式中:

P_{er}——实测功率修正值,单位为千瓦(kW);

α ——功率的环境修正系数,具体数值见附录 A;

P_{en}——标定工况下实测功率,单位为千瓦(kW)。

5.1.2 燃油消耗率按照 GB/T 6072.1 的规定进行检测,实测燃油消耗率按式(4)修正,环境修正系数中间值采用线性插入法。

$$g_{er} = \beta g_{en} \quad\cdots\cdots\cdots\cdots\cdots\cdots\cdots\cdots\cdots\cdots \quad (4)$$

式中:

g_{er}——实测燃油消耗率修正值,单位为克每千瓦时[g/(kW·h)];

β ——燃油消耗率的环境修正系数,具体数值见附录 A;

g_{en}——标定工况下实测燃油消耗率,单位为克每千瓦时[g/(kW·h)]。

5.2 噪声按 JB/T 6268 的规定检测。

5.3 排气烟度限值按 GB 36886—2018 第 5 章的规定检测。

5.4 驻车制动性能和行车制动性能按 GB/T 14248 的规定检测。

5.5 小麦和水稻联合收获机的损失率、破碎率和喂入量按 GB/T 8097 的规定检测;玉米联合收获机的损失率、破碎率和纯工作小时生产率按 GB/T 21961 的规定检测。

附　录　A

（规范性附录）

发动机功率和燃油消耗率的环境修正系数

发动机功率和燃油消耗率的环境修正系数见表 A.1。

表 A.1　发动机功率和燃油消耗率的环境修正系数

海拔（H），m	机械效率η	现场温度(t)，℃	相对湿度(Φ)，%									
			100		80		60		40		20	
			α	β	α	β	α	β	α	β	α	β
0	0.75	0	1.106	0.982	1.108	0.982	1.109	0.981	1.112	0.981	1.113	0.981
		5	1.084	0.985	1.087	0.985	1.090	0.984	1.091	0.984	1.094	0.984
		10	1.063	0.988	1.066	0.988	1.069	0.988	1.072	0.987	1.076	0.987
		15	1.040	0.993	1.043	0.992	1.049	0.991	1.052	0.991	1.055	0.990
		20	1.016	0.997	1.021	0.996	1.027	0.995	1.033	0.994	1.038	0.993
		25	0.989	1.002	0.998	1.000	1.005	0.999	1.012	0.998	1.021	0.996
		27	0.978	1.004	0.986	1.003	0.996	1.001	1.005	0.999	1.014	0.997
		30	0.961	1.008	0.971	1.006	0.982	1.003	0.992	1.002	1.002	1.000
		32	0.948	1.010	0.960	1.008	0.971	1.006	0.984	1.003	0.995	1.001
		34	0.936	1.013	0.948	1.010	0.962	1.008	0.975	1.005	0.987	1.002
		36	0.922	1.016	0.937	1.013	0.951	1.010	0.963	1.007	0.980	1.004
0	0.78	0	1.103	0.986	1.105	0.984	1.106	0.984	1.108	0.984	1.110	0.984
		5	1.082	0.988	1.084	0.987	1.087	0.987	1.088	0.987	1.091	0.986
		10	1.061	0.991	1.064	0.990	1.067	0.990	1.070	0.989	1.074	0.989
		15	1.038	0.994	1.042	0.993	1.047	0.993	1.051	0.992	1.053	0.992
		20	1.015	0.998	1.020	0.997	1.026	0.996	1.032	0.995	1.037	0.994
		25	0.989	1.002	0.998	1.000	1.005	0.991	1.012	0.998	1.021	0.997
		27	0.978	1.004	0.987	1.002	0.996	1.001	1.005	0.999	1.013	0.980
		30	0.962	1.006	0.972	1.005	0.983	1.003	0.992	1.001	1.002	1.000
		32	0.950	1.009	0.961	1.007	0.972	1.005	0.984	1.003	0.995	1.001
		34	0.938	1.011	0.950	1.009	0.963	1.006	0.976	1.004	0.988	1.002
		36	0.924	1.013	0.938	1.011	0.953	1.008	0.964	1.006	0.981	1.003
0	0.80	0	1.010	0.986	1.103	0.986	1.104	0.986	1.106	0.986	1.108	0.986
		5	1.080	0.989	1.083	0.989	1.085	0.988	1.087	0.988	1.089	0.988
		10	1.060	0.992	1.062	0.991	1.066	0.991	1.069	0.990	1.072	0.990
		15	1.038	0.995	1.041	0.994	1.046	0.993	1.050	0.993	1.052	0.993
		20	1.015	0.998	1.020	0.997	1.026	0.996	1.032	0.995	1.037	0.995
		25	0.989	1.002	0.998	1.000	1.005	0.999	1.012	0.998	1.020	0.997
		27	0.979	1.003	0.987	1.002	0.995	1.002	1.005	0.999	1.013	0.998
		30	0.963	1.006	0.973	1.004	0.985	1.003	0.992	1.001	1.002	1.000
		32	0.951	1.008	0.962	1.005	0.973	1.004	0.984	1.002	0.995	1.001
		34	0.939	1.010	0.951	1.008	0.964	1.006	0.976	1.004	0.988	1.002
		36	0.926	1.012	0.940	1.010	0.953	1.007	0.965	1.005	0.981	1.003

表 A.1（续）

海拔（H），m	机械效率 η	现场温度(t),℃	相对湿度(Φ),%									
			100		80		60		40		20	
			α	β	α	β	α	β	α	β	α	β
100	0.75	0	1.089	0.985	1.090	0.984	1.092	0.984	1.094	0.984	1.096	0.983
		5	1.067	0.988	1.070	0.988	1.073	0.987	1.074	0.987	1.076	0.987
		10	1.046	0.992	1.049	0.991	1.053	0.991	1.055	0.990	1.059	0.989
		15	1.023	0.996	1.027	0.995	1.032	0.994	1.036	0.993	1.038	0.993
		20	0.999	1.000	1.004	0.999	1.011	0.998	1.017	0.997	1.022	0.996
		25	0.973	1.005	0.981	1.004	0.989	1.002	0.996	1.001	1.005	0.999
		27	0.962	1.008	0.970	1.006	0.980	1.004	0.989	1.002	0.998	1.000
		30	0.945	1.011	0.955	1.009	0.966	1.007	0.976	1.005	0.986	1.003
		32	0.932	1.014	0.944	1.011	0.955	1.009	0.968	1.006	0.979	1.004
		34	0.920	1.016	0.933	1.014	0.946	1.011	0.959	1.008	0.972	1.006
		36	0.908	1.020	0.921	1.016	0.935	1.013	0.948	1.010	0.964	1.007
100	0.78	0	1.087	0.987	1.088	0.987	1.089	0.987	1.092	0.986	1.093	0.986
		5	1.065	0.990	1.066	0.990	1.070	0.989	1.072	0.989	1.074	0.989
		10	1.045	0.993	1.047	0.993	1.051	0.992	1.054	0.992	1.057	0.991
		15	1.022	0.996	1.026	0.995	1.031	0.995	1.035	0.994	1.037	0.994
		20	0.999	1.000	1.004	0.999	1.010	0.998	1.017	0.997	1.021	0.997
		25	0.973	1.005	0.982	1.003	0.989	1.002	0.996	1.001	1.005	0.999
		27	0.963	1.006	0.971	1.005	0.981	1.003	0.989	1.002	0.998	1.000
		30	0.974	1.009	0.956	1.008	0.967	1.006	0.977	1.004	0.986	1.002
		32	0.934	1.012	0.946	1.009	0.957	1.007	0.969	1.005	0.979	1.003
		34	0.923	1.014	0.935	1.012	0.948	1.009	0.961	1.007	0.972	1.005
		36	0.909	1.017	0.923	1.014	0.937	1.011	0.949	1.009	0.966	1.006
100	0.80	0	1.085	0.988	1.086	0.988	1.087	0.988	1.090	0.988	1.091	0.988
		5	1.064	0.991	1.067	0.991	1.069	0.990	1.070	0.990	1.073	0.990
		10	1.044	0.994	1.046	0.993	1.050	0.993	1.053	0.993	1.056	0.992
		15	1.022	0.997	1.026	0.996	1.030	0.996	1.034	0.995	1.037	0.995
		20	0.999	1.000	1.004	0.999	1.010	0.998	1.016	0.998	1.021	0.997
		25	0.974	1.004	0.982	1.003	0.989	1.002	0.996	1.001	1.005	0.999
		27	0.963	1.006	0.972	1.004	0.981	1.003	0.989	1.002	0.998	1.000
		30	0.948	1.008	0.957	1.007	0.968	1.005	0.977	1.003	0.987	1.002
		32	0.935	1.010	0.947	1.008	0.958	1.007	0.969	1.005	0.980	1.003
		34	0.924	1.012	0.936	1.010	0.949	1.008	0.961	1.006	0.973	1.005
		36	0.911	1.015	0.925	1.012	0.938	1.010	0.950	1.008	0.966	1.006
200	0.75	0	1.074	0.987	1.076	0.987	1.077	0.986	1.080	0.986	1.081	0.986
		5	1.053	0.991	1.055	0.990	1.058	0.990	1.059	0.989	1.062	0.989
		10	1.032	0.994	1.034	0.994	1.038	0.993	1.041	0.993	1.045	0.992
		15	1.009	0.998	1.013	0.998	1.018	0.997	1.022	0.996	1.024	0.996
		20	0.985	1.003	0.991	1.002	0.997	1.001	1.003	0.999	1.008	0.998
		25	0.959	1.008	0.968	1.006	0.975	1.005	0.983	1.003	0.991	1.002
		27	0.948	1.010	0.957	1.009	0.967	1.007	0.975	1.005	0.984	1.003
		30	0.932	1.014	0.942	1.012	0.953	1.009	0.963	1.007	0.972	1.005
		32	0.919	1.017	0.931	1.014	0.942	1.012	0.954	1.009	0.965	1.007
		34	0.907	1.019	0.919	1.017	0.933	1.014	0.946	1.011	0.958	1.008
		36	0.893	1.023	0.908	1.019	0.922	1.016	0.934	1.013	0.951	1.010

表 A.1（续）

海拔 (*H*),m	机械效率 η	现场温度(*t*),℃	相对湿度(*Φ*),%									
			100		80		60		40		20	
			α	β	α	β	α	β	α	β	α	β
200	0.78	0	1.072	0.989	1.074	0.989	1.075	0.989	1.077	0.988	1.079	0.988
		5	1.051	0.992	1.054	0.992	1.056	0.991	1.058	0.991	1.060	0.991
		10	1.031	0.995	1.033	0.995	1.037	0.994	1.040	0.994	1.044	0.993
		15	1.009	0.999	1.012	0.998	1.017	0.997	1.021	0.997	1.024	0.996
		20	0.986	1.002	0.991	1.002	0.997	1.001	1.003	0.999	1.008	0.999
		25	0.960	1.007	0.969	1.005	0.976	1.004	0.983	1.003	0.992	1.001
		27	0.949	1.009	0.958	1.007	0.968	1.006	0.976	1.004	0.984	1.003
		30	0.934	1.012	0.943	1.010	0.954	1.008	0.964	1.006	0.973	1.005
		32	0.921	1.014	0.933	1.012	0.944	1.010	0.956	1.008	0.966	1.006
		34	0.910	1.016	0.922	1.014	0.935	1.012	0.948	1.009	0.959	1.007
		36	0.896	1.019	0.910	1.016	0.924	1.013	0.936	1.011	0.953	1.008
200	0.80	0	1.071	0.990	1.072	0.990	1.073	0.990	1.076	0.989	1.077	0.989
		5	1.050	0.993	1.053	0.993	1.055	0.992	1.057	0.992	1.059	0.992
		10	1.030	0.996	1.033	0.995	1.037	0.995	1.039	0.994	1.043	0.994
		15	1.009	0.999	1.012	0.998	1.017	0.997	1.021	0.997	1.023	0.997
		20	0.986	1.002	0.991	1.001	0.997	1.000	1.003	1.000	1.008	0.999
		25	0.961	1.006	0.969	1.005	0.976	1.004	0.983	1.003	0.992	1.001
		27	0.950	1.008	0.959	1.006	0.968	1.005	0.976	1.004	0.985	1.002
		30	0.935	1.010	0.944	1.009	0.955	1.007	0.964	1.006	0.974	1.004
		32	0.923	1.013	0.934	1.010	0.945	1.009	0.956	1.007	0.967	1.005
		34	0.911	1.014	0.923	1.012	0.936	1.010	0.949	1.008	0.960	1.006
		36	0.989	1.017	0.912	1.014	0.926	1.012	0.937	1.010	0.953	1.007
400	0.75	0	1.045	0.992	1.047	0.992	1.048	0.991	1.051	0.991	1.052	0.991
		5	1.024	0.996	1.027	0.995	1.029	0.995	1.031	0.994	1.033	0.994
		10	1.003	0.999	1.006	0.999	1.010	0.998	1.012	0.998	1.016	0.997
		15	0.981	1.004	0.985	1.003	0.990	1.002	0.994	1.001	0.996	1.001
		20	0.958	1.008	0.963	1.007	0.969	1.006	0.975	1.005	0.980	1.004
		25	0.931	1.014	0.940	1.012	0.948	1.010	0.955	1.009	0.964	1.007
		27	0.921	1.016	0.929	1.014	0.939	1.012	0.948	1.010	0.957	1.009
		30	0.905	1.020	0.915	1.018	0.929	1.015	0.935	1.013	0.945	1.011
		32	0.892	1.023	0.904	1.020	0.915	1.018	0.927	1.015	0.938	1.012
		34	0.880	1.026	0.892	1.023	0.906	1.020	0.919	1.017	0.931	1.014
		36	0.866	1.029	0.881	1.026	0.895	1.022	0.908	1.019	0.924	1.015
400	0.78	0	1.044	0.993	1.045	0.993	1.046	0.993	1.049	0.992	1.050	0.992
		5	1.023	0.996	1.026	0.996	1.028	0.995	1.030	0.995	1.032	0.995
		10	1.003	0.999	1.006	0.999	1.010	0.998	1.012	0.998	1.016	0.997
		15	0.981	1.003	0.985	1.002	0.990	1.002	0.994	1.001	0.996	1.001
		20	0.959	1.007	0.964	1.006	0.970	1.005	0.976	1.004	0.981	1.003
		25	0.933	1.012	0.942	1.010	0.949	1.009	0.956	1.008	0.965	1.006
		27	0.923	1.014	0.931	1.012	0.941	1.010	0.949	1.009	0.958	1.007
		30	0.908	1.017	0.917	1.015	0.928	1.013	0.937	1.011	0.947	1.009
		32	0.895	1.019	0.909	1.017	0.918	1.015	0.929	1.013	0.940	1.011
		34	0.884	1.022	0.896	1.019	0.909	1.017	0.922	1.014	0.933	1.012
		36	0.870	1.025	0.884	1.022	0.898	1.019	0.910	1.016	0.927	1.013

表 A.1 (续)

海拔 (H),m	机械效率 η	现场温度(t),℃	相对湿度(Φ),%									
			100		80		60		40		20	
			α	β	α	β	α	β	α	β	α	β
400	0.80	0	1.043	0.994	1.044	0.994	1.046	0.994	1.048	0.993	1.049	0.993
		5	1.023	0.997	1.025	0.996	1.028	0.996	1.029	0.996	1.032	0.995
		10	1.003	1.000	1.006	0.999	1.009	0.999	1.012	0.998	1.016	0.998
		15	0.982	1.003	0.985	1.002	1.990	1.001	0.994	1.001	0.996	1.001
		20	0.960	1.006	0.965	1.005	0.971	1.005	0.977	1.004	0.981	1.003
		25	0.935	1.010	0.943	1.009	0.950	1.008	0.957	1.007	0.966	1.005
		27	0.921	1.012	0.935	1.011	0.942	1.009	0.950	1.008	0.939	1.006
		30	0.909	1.015	0.919	1.013	0.929	1.011	0.939	1.010	0.948	1.008
		32	0.897	1.017	0.909	1.015	0.919	1.013	0.931	1.011	0.941	1.009
		34	0.886	1.019	0.897	1.017	0.909	1.015	0.923	1.012	0.935	1.010
		36	0.873	1.022	0.886	1.019	0.900	1.016	0.912	1.014	0.928	1.012
600	0.75	0	1.015	0.997	1.016	0.997	1.017	0.997	1.020	0.996	1.021	0.996
		5	0.994	1.001	0.996	1.001	0.999	1.000	1.000	1.000	1.003	0.999
		10	0.974	1.005	0.976	1.005	0.980	1.004	0.983	1.003	0.987	1.003
		15	0.951	1.010	0.955	1.009	0.960	1.008	0.964	1.007	0.967	1.006
		20	0.929	1.015	0.934	1.013	0.940	1.012	0.946	1.011	0.951	1.010
		25	0.903	1.020	0.912	1.018	0.919	1.017	0.926	1.015	0.935	1.013
		27	0.892	1.023	0.901	1.021	0.911	1.019	0.919	1.017	0.928	1.015
		30	0.876	1.027	0.886	1.024	0.897	1.022	0.907	1.019	0.917	1.017
		32	0.864	1.030	0.876	1.027	0.887	1.024	0.899	1.021	0.910	1.019
		34	0.852	1.033	0.864	1.030	0.878	1.026	0.891	1.023	0.903	1.020
		36	0.838	1.036	0.853	1.033	0.868	1.029	0.880	1.026	0.897	1.022
600	0.78	0	1.014	0.998	1.015	0.997	1.017	0.997	1.019	0.997	1.021	0.997
		5	0.994	1.001	0.997	1.001	0.999	1.000	1.000	1.000	1.003	1.000
		10	0.974	1.004	0.997	1.004	0.981	1.003	0.983	1.003	0.987	1.002
		15	0.953	1.008	0.957	1.007	0.962	1.007	0.965	1.006	0.968	1.005
		20	0.931	1.012	0.936	1.011	0.942	1.010	0.948	1.009	0.953	1.008
		25	0.906	1.017	0.914	1.015	0.921	1.014	0.929	1.013	0.937	1.011
		27	0.895	1.019	0.904	1.018	0.913	1.016	0.922	1.014	0.930	1.012
		30	0.880	1.022	0.890	1.020	0.900	1.018	0.910	1.016	0.919	1.014
		32	0.868	1.025	0.879	1.023	0.890	1.020	0.902	1.018	0.913	1.016
		34	0.856	1.028	0.868	1.025	0.881	1.022	0.894	1.019	0.906	1.017
		36	0.843	1.031	0.957	1.027	0.871	1.024	0.883	1.022	0.900	1.018
600	0.80	0	1.014	0.998	1.015	0.998	1.016	0.998	1.019	0.997	1.020	0.997
		5	0.994	1.001	0.997	1.001	0.999	1.000	1.000	1.000	1.003	1.000
		10	0.975	1.004	0.997	1.003	0.981	1.003	0.983	1.003	0.987	1.002
		15	0.954	1.007	0.957	1.007	0.962	1.006	0.966	1.005	0.968	1.005
		20	0.932	1.011	0.937	1.010	0.943	1.009	0.949	1.008	0.954	1.007
		25	0.907	1.015	0.916	1.014	0.923	1.012	0.930	1.011	0.938	1.010
		27	0.897	1.017	0.906	1.016	0.915	1.014	0.922	1.012	0.932	1.011
		30	0.882	1.020	0.892	1.018	0.902	1.016	0.912	1.014	0.921	1.013
		32	0.870	1.022	0.882	1.020	0.892	1.018	0.904	1.016	0.914	1.014
		34	0.859	1.024	0.871	1.022	0.884	1.020	0.892	1.017	0.908	1.015
		36	0.846	1.027	0.860	1.024	0.874	1.022	0.885	1.019	0.901	1.016

表 A.1（续）

海拔（H），m	机械效率 η	现场温度(t)，℃	相对湿度(Φ)，%									
			100		80		60		40		20	
			α	β	α	β	α	β	α	β	α	β
800	0.75	0	0.984	1.003	0.985	1.003	0.987	1.003	0.989	1.002	0.991	1.002
		5	0.964	1.007	0.966	1.007	0.969	1.006	0.970	1.006	0.973	1.005
		10	0.944	1.011	0.946	1.014	0.950	1.010	0.953	1.009	0.957	1.009
		15	0.922	1.016	0.926	1.015	0.931	1.014	0.935	1.013	0.973	1.013
		20	0.900	1.021	0.905	1.021	0.911	1.018	0.917	1.017	0.922	1.016
		25	0.974	1.027	0.883	1.025	0.890	1.023	0.898	1.022	0.907	1.019
		27	0.964	1.030	0.972	1.028	0.882	1.025	0.891	1.023	0.900	1.021
		30	0.848	1.034	0.858	1.031	0.869	1.029	0.879	1.026	0.889	1.024
		32	0.835	1.037	0.848	1.034	0.859	1.031	0.871	1.028	0.882	1.025
		34	0.824	1.040	0.836	1.037	0.850	1.033	0.863	1.030	0.875	1.027
		36	0.811	1.044	0.825	1.040	0.840	1.036	0.852	1.033	0.869	1.029
800	0.78	0	0.984	1.003	0.986	1.002	0.987	1.002	0.990	1.002	0.991	1.002
		5	0.965	1.006	0.967	1.006	0.970	1.005	0.971	1.005	0.974	1.004
		10	0.945	1.010	0.948	1.009	0.952	1.008	0.954	1.008	0.958	1.007
		15	0.921	1.013	0.928	1.013	0.933	1.012	0.937	1.011	0.937	1.011
		20	0.903	1.018	0.907	1.017	0.914	1.016	0.920	1.014	0.925	1.013
		25	0.878	1.023	0.886	1.021	0.894	1.021	0.901	1.018	0.909	1.016
		27	0.868	1.025	0.876	1.023	0.886	1.021	0.894	1.020	0.903	1.018
		30	0.853	1.029	0.862	1.026	0.873	1.024	0.882	1.022	0.892	1.020
		32	0.840	1.031	0.852	1.029	0.863	1.026	0.875	1.024	0.885	1.021
		34	0.829	1.034	0.841	1.031	0.854	1.028	0.867	1.025	0.879	1.023
		36	0.816	1.037	0.830	1.034	0.884	1.030	0.856	1.028	0.873	1.024
800	0.80	0	0.985	1.002	0.986	1.002	0.987	1.002	0.990	1.002	0.991	1.001
		5	0.965	1.005	0.968	1.005	0.970	1.005	0.972	1.004	0.974	1.004
		10	0.946	1.008	0.949	1.008	0.853	1.007	0.955	1.007	0.959	1.006
		15	0.926	1.021	0.929	1.011	0.934	1.010	0.938	1.010	0.940	1.009
		20	0.904	1.016	0.909	1.015	0.915	1.014	0.921	1.013	0.926	1.012
		25	0.880	1.020	0.888	1.019	0.896	1.017	0.903	1.016	0.911	1.015
		27	0.870	1.022	0.878	1.021	0.888	1.019	0.896	1.017	0.904	1.016
		30	0.855	1.025	0.865	1.023	0.875	1.021	0.885	1.019	0.894	1.018
		32	0.843	1.028	0.855	1.025	0.865	1.023	0.877	1.021	0.888	1.019
		34	0.832	1.030	0.844	1.028	0.857	1.025	0.870	1.022	0.881	1.020
		36	0.819	1.033	0.833	1.030	0.847	1.027	0.859	1.024	0.875	1.021
1 000	0.75	0	0.955	1.009	0.956	1.009	0.957	1.008	0.960	1.008	0.961	1.008
		5	0.935	1.013	0.937	1.013	0.940	1.012	0.941	1.012	0.944	1.011
		10	0.915	1.018	0.918	1.017	0.922	1.016	0.924	1.015	0.928	1.015
		15	0.894	1.022	0.898	1.022	0.903	1.020	0.907	1.019	0.909	1.019
		20	0.872	1.028	0.877	1.027	0.883	1.025	0.890	1.023	0.895	1.022
		25	0.847	1.034	0.855	1.032	0.863	1.030	0.870	1.028	0.979	1.026
		27	0.836	1.037	0.845	1.035	0.855	1.032	0.864	1.030	0.872	1.028
		30	0.821	1.041	0.831	1.038	0.842	1.036	0.852	1.033	0.862	1.030
		32	0.809	1.045	0.821	1.041	0.832	1.038	0.844	1.035	0.855	1.032
		34	0.797	1.048	0.810	1.045	0.823	1.041	0.836	1.037	0.849	1.034
		36	0.784	1.052	0.798	1.048	0.813	1.044	0.825	1.040	0.842	1.035

表 A.1（续）

海拔(H),m	机械效率η	现场温度(t),℃	相对湿度(Φ),%									
			100		80		60		40		20	
			α	β	α	β	α	β	α	β	α	β
1 000	0.78	0	0.956	1.008	0.957	1.007	0.959	1.007	0.961	1.007	0.962	1.006
		5	0.937	1.001	0.939	1.011	0.942	1.010	0.943	1.010	0.946	1.009
		10	0.918	1.015	0.920	1.014	0.924	1.014	0.927	1.013	0.930	1.012
		15	0.897	1.019	0.901	1.018	0.906	1.017	0.909	1.016	0.912	1.016
		20	0.876	1.023	0.881	1.022	0.887	1.021	0.893	1.020	0.898	1.019
		25	0.851	1.029	0.860	1.027	0.867	1.025	0.874	10.24	0.883	1.022
		27	0.841	1.031	0.850	1.029	0.859	1.027	0.868	1.025	0.876	1.023
		30	0.826	1.035	0.836	1.032	0.847	1.030	0.856	1.028	0.866	1.026
		32	0.814	1.038	0.826	1.035	0.837	1.032	0.849	1.029	0.859	1.027
		34	0.803	1.040	0.815	1.037	0.828	1.034	0.841	1.031	0.853	1.028
		36	0.790	1.044	0.804	1.040	0.818	1.037	0.830	1.034	0.847	1.030
1 000	0.80	0	0.957	1.007	0.958	1.007	0.959	1.006	0.962	1.006	0.963	1.006
		5	0.938	1.010	0.940	1.009	0.943	1.009	0.944	1.009	0.947	1.008
		10	0.919	1.013	0.922	1.013	0.925	1.012	0.928	1.012	0.932	1.011
		15	0.899	1.017	0.903	1.016	0.907	1.015	0.911	1.015	0.914	1.014
		20	0.878	1.021	0.883	1.020	0.889	1.019	0.895	1.018	0.900	1.017
		25	0.854	1.025	0.862	1.024	0.869	1.022	0.877	1.021	0.885	1.019
		27	0.844	1.027	0.852	1.026	0.862	1.024	0.870	1.022	0.878	1.021
		30	0.830	1.031	0.839	1.029	0.849	1.026	0.859	1.024	0.868	1.023
		32	0.818	1.033	0.829	1.031	0.840	1.028	0.851	1.026	0.862	1.024
		34	0.807	1.036	0.819	1.033	0.831	1.030	0.844	1.028	0.856	1.025
		36	0.794	1.039	0.808	1.035	0.822	1.032	0.833	1.030	0.850	1.026
1 200	0.75	0	0.925	1.015	0.927	1.015	0.928	1.015	0.931	1.014	0.932	1.014
		5	0.906	1.020	0.908	1.019	0.911	1.018	0.912	1.018	0.915	1.018
		10	0.887	1.024	0.889	1.024	0.893	1.023	0.896	1.022	0.900	1.021
		15	0.866	1.029	0.870	1.028	0.875	1.027	0.879	1.026	0.881	1.026
		20	0.844	1.035	0.849	1.034	0.856	1.032	0.862	1.030	0.867	1.029
		25	0.819	1.042	0.828	1.039	0.836	1.037	0.843	1.035	0.852	1.033
		27	0.809	1.045	0.818	1.042	0.828	1.039	0.836	1.037	0.845	1.035
		30	0.794	1.049	0.804	1.046	0.815	1.043	0.825	1.040	0.835	1.037
		32	0.782	1.053	0.794	1.049	0.805	1.046	0.817	1.042	0.828	1.039
		34	0.771	1.056	0.783	1.053	0.796	1.048	0.810	1.045	0.822	1.041
		36	0.757	1.061	0.772	1.056	0.786	1.051	0.798	1.048	0.815	1.043
1 200	0.78	0	0.928	1.013	0.929	1.013	0.930	1.02	0.933	1.012	0.934	1.012
		5	0.909	1.017	0.911	1.016	0.914	1.016	0.915	1.015	0.918	1.015
		10	0.890	1.020	0.893	1.020	0.896	1.019	0.899	1.019	0.903	1.018
		15	0.870	1.025	0.873	1.024	0.878	1.023	0.882	1.022	0.885	1.022
		20	0.849	1.029	0.854	1.028	0.860	1.027	0.866	1.026	0.871	1.024
		25	0.825	1.035	0.833	1.033	0.840	1.031	0.848	1.030	0.856	1.028
		27	0.815	1.038	0.823	1.035	0.833	1.033	0.841	1.031	0.850	1.029
		30	0.800	1.041	0.810	1.039	0.820	1.036	0.830	1.034	0.839	1.032
		32	0.788	1.044	0.800	1.041	0.811	1.039	0.822	1.036	0.833	1.033
		34	0.777	1.047	0.789	1.044	0.802	1.041	0.815	1.037	0.827	1.035
		36	0.764	1.051	0.778	1.047	0.792	1.043	0.804	1.040	0.821	1.036

表 A.1（续）

海拔(H),m	机械效率η	现场温度(t),℃	相对湿度(Φ),%									
			100		80		60		40		20	
			α	β	α	β	α	β	α	β	α	β
1 200	0.80	0	0.929	1.011	0.930	1.011	0.932	1.011	0.994	1.011	0.935	1.010
		5	0.910	1.015	0.913	1.014	0.915	1.014	0.917	1.014	0.919	1.013
		10	0.892	1.018	0.895	1.018	0.898	1.017	0.901	1.016	0.905	1.016
		15	0.872	1.022	0.876	1.021	0.881	1.020	0.884	1.019	0.887	1.019
		20	0.852	1.026	0.856	1.025	0.862	1.024	0.868	1.023	0.873	1.022
		25	0.828	1.031	0.836	1.029	0.843	1.028	0.850	1.026	0.859	1.024
		27	0.818	1.033	0.826	1.031	0.835	1.029	0.844	1.027	0.852	1.026
		30	0.804	1.036	0.813	1.034	0.824	1.032	0.833	1.030	0.842	1.028
		32	0.792	1.039	0.804	1.035	0.814	1.034	0.826	1.031	0.836	1.029
		34	0.781	1.042	0.793	1.039	0.806	1.036	0.819	1.033	0.830	1.030
		36	0.769	1.045	0.783	1.041	0.796	1.038	0.808	1.035	0.824	1.032
1 400	0.75	0	0.898	1.022	0.899	1.021	0.900	1.021	0.903	1.020	0.904	1.020
		5	0.878	1.026	0.881	1.025	0.884	1.025	0.885	1.025	0.887	1.024
		10	0.860	1.031	0.862	1.030	0.866	1.029	0.869	1.029	0.873	1.028
		15	0.839	1.036	0.845	1.035	0.848	1.034	0.852	1.033	0.854	1.032
		20	0.818	1.042	0.823	1.041	0.829	1.039	0.835	1.037	0.840	1.036
		25	0.793	1.049	0.802	1.047	0.809	1.045	0.817	1.042	0.826	1.040
		27	0.783	1.052	0.792	1.050	0.802	1.047	0.810	1.044	0.819	1.042
		30	0.768	1.057	0.778	1.054	0.789	1.051	0.799	1.048	0.809	1.045
		32	0.756	1.061	0.768	1.057	0.779	1.054	0.791	1.050	0.802	1.047
		34	0.746	1.065	0.757	1.061	0.771	1.056	0.784	1.052	0.796	1.048
		36	0.732	1.069	0.746	1.064	0.761	1.059	0.773	1.056	0.790	1.050
1 400	0.78	0	0.900	1.018	0.902	1.018	0.903	1.018	0.906	1.017	0.907	1.017
		5	0.882	1.022	0.884	1.022	0.887	1.021	0.888	1.021	0.891	1.020
		10	0.864	1.026	0.866	1.025	1.870	1.025	0.873	1.024	0.876	1.023
		15	0.844	1.031	0.847	1.030	0.852	1.029	0.856	1.028	0.859	1.027
		20	0.823	1.035	0.828	1.034	0.834	1.033	0.840	1.031	0.845	1.030
		25	0.799	1.041	0.808	1.039	0.815	1.037	0.822	1.036	0.831	1.034
		27	0.789	1.044	0.798	1.042	0.807	1.039	0.816	1.037	0.824	1.035
		30	0.775	1.048	0.784	1.045	0.795	1.042	0.805	1.040	0.814	1.038
		32	0.763	1.051	0.775	1.048	0.786	1.045	0.797	1.042	0.808	1.039
		34	0.752	1.054	0.764	1.051	0.777	1.047	0.790	1.044	0.802	1.041
		36	0.740	1.058	0.754	1.054	0.768	1.050	0.780	1.047	0.796	1.042
1 400	0.80	0	0.902	1.106	0.904	1.016	0.905	1.016	0.907	1.015	0.909	1.013
		5	0.884	1.020	0.887	1.019	0.889	1.019	0.890	1.018	0.893	1.018
		10	0.866	1.023	0.869	1.023	0.872	1.022	0.875	1.021	0.879	1.021
		15	0.847	1.027	0.850	1.026	0.855	1.025	0.859	1.024	0.861	1.024
		20	0.826	1.031	0.831	1.030	0.837	1.029	0.843	1.028	0.848	1.027
		25	0.803	1.037	0.811	1.035	0.818	1.033	0.826	1.031	0.834	1.030
		27	0.793	1.039	0.802	1.037	0.811	1.035	0.819	1.033	0.828	1.031
		30	0.779	1.042	0.789	1.040	0.799	1.037	0.808	1.035	0.818	1.033
		32	0.767	1.045	0.779	1.042	0.790	1.040	0.801	1.037	0.812	1.035
		34	0.757	1.048	0.769	1.045	0.781	1.042	0.794	1.039	0.806	1.036
		36	0.744	1.051	0.758	1.047	0.772	1.044	0.784	1.041	0.800	1.037

表 A.1（续）

海拔 (H),m	机械效率 η	现场 温度(t),℃	相对湿度(Φ),%									
			100		80		60		40		20	
			α	β	α	β	α	β	α	β	α	β
1 600	0.75	0	0.870	1.028	0.871	1.028	0.872	1.028	0.875	1.027	0.876	1.027
		5	0.851	1.033	0.853	1.033	0.856	1.032	0.857	1.031	0.860	1.031
		10	0.832	1.038	0.835	1.037	0.839	1.036	0.842	1.036	0.845	1.035
		15	0.812	1.044	0.816	1.043	0.821	1.041	0.825	1.040	0.827	1.039
		20	0.791	1.050	0.796	1.048	0.803	1.047	0.809	1.045	0.814	1.043
		25	0.767	1.057	0.776	1.055	0.783	1.052	0.791	1.050	0.799	1.047
		27	0.757	1.063	0.766	1.058	0.776	1.056	0.784	1.052	0.793	1.049
		30	0.742	1.066	0.752	1.062	0.763	1.059	0.773	1.056	0.783	1.052
		32	0.730	1.070	0.742	1.066	0.753	1.062	0.766	1.058	0.777	1.054
		34	0.719	1.074	0.732	1.069	0.745	1.065	0.758	1.060	0.771	1.056
		36	0.706	1.079	0.721	1.073	0.735	1.068	0.747	1.064	0.764	1.058
1 600	0.78	0	0.873	1.024	0.875	1.024	0.876	1.023	0.878	1.023	0.880	1.023
		5	0.855	1.028	0.858	1.027	0.860	1.027	0.861	1.027	0.864	1.026
		10	0.837	1.032	0.840	1.031	0.844	1.031	0.846	1.030	0.850	1.029
		15	0.818	1.037	0.821	1.036	0.826	1.035	0.830	1.034	0.833	1.033
		20	0.797	1.042	0.802	1.041	0.808	1.039	0.814	1.038	0.819	1.036
		25	0.774	1.048	0.782	1.046	0.790	1.044	0.797	1.042	0.805	1.040
		27	0.764	1.051	0.773	1.049	0.782	1.046	0.791	1.044	0.799	1.041
		30	0.750	1.055	0.759	1.052	0.770	1.049	0.780	1.047	0.789	1.044
		32	0.738	1.059	0.750	1.055	0.761	1.052	0.778	1.049	0.783	1.046
		34	0.728	1.062	0.739	1.058	0.752	1.054	0.765	1.051	0.777	1.047
		36	0.715	1.066	0.729	1.061	0.743	1.057	0.755	1.054	0.771	1.049
1 600	0.80	0	0.876	1.021	0.877	1.021	0.878	1.021	0.882	1.020	0.882	1.020
		5	0.858	1.025	0.860	1.024	0.863	1.024	0.864	1.023	0.867	1.023
		10	0.840	1.028	0.843	1.028	0.847	1.027	0.849	1.026	0.853	1.026
		15	0.821	1.032	0.825	1.032	0.830	1.031	0.833	1.030	0.836	1.029
		20	0.801	1.037	0.806	1.036	0.812	1.035	0.818	1.033	0.823	1.032
		25	0.778	1.042	0.786	1.040	0.793	1.039	0.801	1.037	0.809	1.035
		27	0.769	1.045	0.777	1.043	0.786	1.040	0.795	1.039	0.803	1.037
		30	0.755	1.048	0.764	1.046	0.774	1.043	0.784	1.041	0.793	1.039
		32	0.743	1.052	0.755	1.048	0.765	1.046	0.777	1.043	0.787	1.040
		34	0.733	1.054	0.744	1.051	0.757	1.048	0.770	1.045	0.781	1.042
		36	0.720	1.058	0.734	1.054	0.748	1.050	0.759	1.047	0.776	1.043
1 800	0.75	0	0.843	1.035	0.844	1.035	0.846	1.035	0.848	1.034	0.850	1.033
		5	0.824	1.040	0.827	1.040	0.830	1.039	0.831	1.038	0.834	1.038
		10	0.807	1.045	0.809	1.045	0.813	1.044	0.816	1.043	0.819	1.042
		15	0.787	1.051	0.790	1.050	0.796	1.049	0.799	1.047	0.802	1.047
		20	0.766	1.058	0.771	1.056	0.777	1.054	0.784	1.052	0.789	1.051
		25	0.742	1.066	0.751	1.063	0.758	1.060	0.766	1.058	0.775	1.055
		27	0.732	1.069	0.741	1.066	0.751	1.063	0.760	1.060	0.768	1.057
		30	0.718	1.074	0.728	1.071	0.739	1.067	0.748	1.064	0.758	1.060
		32	0.706	1.079	0.718	1.074	0.729	1.070	0.741	1.066	0.752	1.062
		34	0.695	1.083	0.707	1.078	0.721	1.072	0.734	1.069	0.746	1.064
		36	0.682	1.088	0.697	1.082	0.711	1.077	0.723	1.072	0.740	1.066

表 A.1（续）

海拔 (H),m	机械效率 η	现场 温度(t),℃	相对湿度(Φ),%									
			100		80		60		40		20	
			α	β	α	β	α	β	α	β	α	β
1 800	0.78	0	0.848	1.030	0.849	1.029	0.850	1.029	0.853	1.028	0.854	1.028
		5	0.830	1.034	0.832	1.033	0.835	1.033	0.836	1.032	0.839	1.032
		10	0.812	1.038	0.815	1.038	0.818	1.037	0.821	1.036	0.825	1.035
		15	0.793	1.043	0.797	1.042	0.801	1.041	0.805	1.040	0.808	1.039
		20	0.773	1.048	0.778	1.047	0.784	1.045	0.790	1.044	0.795	1.043
		25	0.750	1.055	0.758	1.053	0.765	1.051	0.773	1.049	0.781	1.046
		27	0.740	1.058	0.748	1.055	0.758	1.053	0.767	1.050	0.775	1.048
		30	0.726	1.062	0.735	1.059	0.746	1.056	0.756	1.053	0.765	1.051
		32	0.714	1.066	0.726	1.062	0.737	1.059	0.749	1.055	0.759	1.052
		34	0.704	1.069	0.716	1.065	0.729	1.061	0.742	1.057	0.754	1.054
		36	0.691	1.074	0.705	1.069	0.720	1.064	0.731	1.061	0.748	1.056
1 800	0.80	0	0.850	1.026	0.852	1.026	0.853	1.026	0.855	1.025	0.857	1.025
		5	0.833	1.030	0.835	0.029	0.838	1.029	0.839	1.029	0.842	1.028
		10	0.816	1.034	0.818	1.033	0.822	1.032	0.824	1.032	0.828	1.031
		15	0.797	1.038	0.800	1.037	0.805	1.036	0.809	1.035	0.811	1.035
		20	0.777	1.043	0.782	1.042	0.788	1.040	0.794	1.039	0.799	1.038
		25	0.754	1.049	0.763	1.046	0.770	1.045	0.777	1.043	0.785	1.041
		27	0.745	1.051	0.753	1.049	0.763	1.046	0.771	1.044	0.779	1.042
		30	0.731	1.055	0.740	1.052	0.751	1.049	0.760	1.047	0.770	1.045
		32	0.720	1.058	0.731	1.055	0.742	1.052	0.753	1.049	0.764	1.046
		34	0.709	1.061	0.721	1.058	0.734	1.054	0.747	1.051	0.758	1.048
		36	0.697	1.065	0.711	1.061	0.725	1.057	0.736	1.053	0.752	1.049
2 000	0.75	0	0.816	1.043	0.818	1.042	0.819	1.042	0.822	1.041	0.823	1.041
		5	0.798	1.048	0.801	1.047	0.803	1.046	0.805	1.046	0.807	1.045
		10	0.781	1.053	0.783	1.052	0.787	1.051	0.790	1.050	0.794	1.049
		15	0.761	1.059	0.765	1.058	0.770	1.057	0.774	1.055	0.776	1.054
		20	0.741	1.066	0.746	1.065	0.752	1.062	0.758	1.060	0.763	1.059
		25	0.717	1.075	0.726	1.071	0.733	1.069	0.741	1.066	0.750	1.063
		27	0.707	1.078	0.716	1.075	0.726	1.071	0.735	1.068	0.743	1.065
		30	0.693	1.084	0.703	1.080	0.714	1.076	0.724	1.072	0.734	1.069
		32	0.681	1.089	0.693	1.084	0.704	1.079	0.717	1.075	0.728	1.071
		34	0.671	1.093	0.683	1.088	0.696	1.083	0.710	1.077	0.722	1.073
		36	0.658	1.098	0.672	1.092	0.687	1.086	0.699	1.081	0.716	1.075
2 000	0.78	0	0.822	1.036	0.823	1.035	0.824	1.035	0.827	1.035	0.828	1.034
		5	0.804	1.040	0.807	1.040	0.809	1.039	0.810	1.039	0.813	1.038
		10	0.787	1.045	0.790	1.044	0.793	1.043	0.796	1.042	0.800	1.041
		15	0.768	1.050	0.772	1.049	0.777	1.047	0.780	1.046	0.783	1.046
		20	0.748	1.055	0.753	1.054	0.759	1.052	0.765	1.051	0.770	1.049
		25	0.725	1.062	0.734	1.060	0.741	1.058	0.748	1.055	0.757	1.053
		27	0.716	1.065	0.724	1.063	0.734	1.060	0.742	1.057	0.751	1.055
		30	0.702	1.070	0.712	1.067	0.722	1.063	0.732	1.060	0.741	1.057
		32	0.690	1.074	0.702	1.070	0.713	1.066	0.725	1.063	0.736	1.059
		34	0.680	1.078	0.692	1.073	0.705	1.069	0.718	1.065	0.730	1.061
		36	0.668	1.082	0.682	1.077	0.696	1.072	0.708	1.068	0.724	1.063

表 A.1（续）

海拔(H),m	机械效率η	现场温度(t),℃	相对湿度(Φ),%									
			100		80		60		40		20	
			α	β	α	β	α	β	α	β	α	β
2 000	0.80	0	0.825	1.032	0.826	1.031	0.828	1.031	0.830	1.030	0.831	1.030
		5	0.808	1.035	0.810	1.035	0.813	1.034	0.814	1.034	0.817	1.033
		10	0.791	1.039	0.793	1.039	0.797	1.038	0.800	1.037	0.803	1.036
		15	0.772	1.044	0.776	1.043	0.781	1.042	0.785	1.041	0.787	1.040
		20	0.753	1.049	0.758	1.048	0.764	1.046	0.770	1.045	0.775	1.043
		25	0.731	1.055	0.739	1.053	0.746	1.051	0.753	1.049	0.761	1.047
		27	0.721	1.058	0.730	1.055	0.739	1.053	0.747	1.050	0.756	1.048
		30	0.708	1.062	0.717	1.059	0.728	1.056	0.737	1.053	0.746	1.051
		32	0.696	1.065	0.708	1.061	0.718	1.058	0.730	1.055	0.741	1.052
		34	0.686	1.068	0.698	1.064	0.711	1.061	0.723	1.057	0.735	1.054
		36	0.674	1.072	0.688	1.068	0.702	1.063	0.713	1.060	0.729	1.055

ICS 65.040.30

B 90

中华人民共和国农业行业标准

NY/T 3657—2020

温室植物补光灯 质量评价技术规范

Technical specification of quality evaluation for plant lamps of
supplement lighting in greenhouse

2020-07-27 发布

2020-11-01 实施

中华人民共和国农业农村部 发布

前　言

本标准按照 GB/T 1.1—2009 给出的规则起草。

本标准由农业农村部农业机械化管理司提出。

本标准由全国农业机械标准化技术委员会农业机械化分技术委员会(SAC/TC 201/SC 2)归口。

本标准起草单位:农业农村部规划设计研究院、福建省中科生物股份有限公司、珠海美光原科技股份有限公司、厦门通稔科技股份有限公司、北京亚盛增光物理农业科技开发有限公司、苏州纽克斯电源技术股份有限公司、南京中电熊猫照明有限公司、珠海华尔美照明有限公司。

本标准主要起草人:丁小明、鲍顺淑、杜孝明、田婧、马宁、伍婵娟、都金龙、王莉、徐虹、李阳、邓勇、陈莹莹、吴茜、常玉堂、李晶、李树辉、耿大鹏。

温室植物补光灯　质量评价技术规范

1 范围

本标准规定了温室植物补光灯的术语和定义、基本要求、质量要求、检测方法和检验规则。

本标准适用于植物生长用的高压钠灯和LED灯的质量评定,其他光源植物补光灯可参照使用。

2 规范性引用文件

下列文件对于本文件的应用是必不可少的。凡是注日期的引用文件,仅注日期的版本适用于本文件。凡是不注日期的引用文件,其最新版本(包括所有的修改单)适用于本文件。

GB/T 2828.11—2008　计数抽样检验程序　第11部分:小总体声称质量水平的评定程序

GB/T 2900.65　电工术语照明

GB/T 2900.66　电工术语半导体器件和集成电路

GB/T 5700—2008　照明测量方法

GB 7000.1—2015　灯具　第1部分:一般要求与试验

GB/T 13259　高压钠灯

GB/T 24824—2009　普通照明用LED模块测试方法

GB/T 32655　植物生长用LED光照　术语和定义

3 术语和定义

GB/T 13259、GB/T 32655、GB/T 2900.65、GB/T 2900.66界定的以及下列术语和定义适用于本文件。

3.1

植物补光灯　plant lamp for supplemental lighting

用于植物生长所需光照进行补充的灯。

3.2

使用寿命　rated life

植物补光灯所明示(标称)光子通量的时长。

3.3

光合光子通量　photosynthetic photon flux

能为植物光合作用所利用的波长在280 nm～800 nm的光子通量。

3.4

光子通量效能　photon flux efficacy

植物补光灯单位功率单位时间内发出的光子数量。

3.5

光子通量维持率　photon flux maintenance factor

在规定条件下,在特定时间植物补光灯所发出的光子通量与初始光子通量的比值,用百分比表示。

4 基本要求

4.1 质量评价所需的文件资料

对温室植物补光灯进行质量评价所需提供的文件资料应包括:

a)　产品规格表(见附录A),并加盖企业公章;

b)　企业产品执行标准或产品制造验收技术条件;

c) 产品使用说明书；

d) CCC 认证证书（实施 CCC 认证管理的）；

e) 样品照片（左前方 45°、右前方 45°各 1 张）。

4.2 主要技术参数核对

依据产品使用说明书、铭牌和企业提供的其他技术文件，对样机的主要技术参数按表 1 的要求进行核对。

表 1 核对项目与方法

序号	项目	单位	方法
1	规格型号	/	核对
2	外形尺寸	mm	核对
3	额定电压	V	核对
4	额定功率	W	核对
5	额定寿命	h	核对
6	IP 数字标记	/	核对
7	质量	kg	核对

4.3 试验条件

4.3.1 试验环境

植物补光灯的试验环境条件为：环境温度为(25±5)℃，相对湿度不大于 65%，无对流风，电源电压应稳定在 380 V(或 220 V)×(1±0.5)%范围内，谐波失真不大于 3%。

4.3.2 试验样品

4.3.2.1 试验样品应按产品使用说明书要求安装，并调试到正常工作状态。

4.3.2.2 试验样品应在燃点 40 min，使设备进入稳定工作状态后，再进行检测。

4.4 主要仪器设备

试验用仪器设备应经过计量检定合格或校准，且在有效期内。仪器设备的测量范围和准确度要求应不低于表 2 的规定。

表 2 主要仪器设备测量范围和准确度要求

序号	测量参数	测量范围	准确度要求
1	功率	0 W~1 500 W	0.5%
2	光子通量	0 μmol/s~3 000 μmol/s	50 μmol/s
3	时间	0 h~24 h	1 s/d
4	光谱分布	280 nm~1 100 nm	2 nm

5 质量要求

5.1 性能要求

在 4.3 规定的试验条件下，植物补光灯性能指标应符合表 3 的要求。

表 3 植物补光灯性能指标

序号	指标		性能要求		对应的检测方法条款
			高压钠灯	LED 灯	
1	电气特性	功率	初始功率值应为额定功率的 90%~110%		6.1.1
		功率因数	≥0.90(适用时)		
2	光学特性	光合光子通量	初始值应不低于标称值的 90%		6.1.2.1
		光子通量效能	初始值应不低于 1.0 μmol/(s·W)	初始值应不低于 1.5 μmol/(s·W)	6.1.2.2
		光谱分布特性	红光(620 nm~690 nm)和蓝光(420 nm~470 nm)光子通量之和占总光子通量的比率不低于 40%		6.1.2.3

表 3（续）

序号	指标	性能要求		对应的检测方法条款
		高压钠灯	LED灯	
3	寿命 光子通量维持率	在额定条件下,燃点 3 000 h时,光子通量维持率不低于 94％;燃点 6 000 h的光子通量维持率不低于 89％;推算或实测 10 000 h时的光子通量维持率不低于 83％;推算或实测 20 000 h的光子通量维持率不低于 70％	在额定条件下,燃点 3 000 h的光子通量维持率不低于 96％;燃点 6 000 h的光子通量维持率不低于 93％;推算或实测 10 000 h的光子通量维持率不低于 88％;推算或实测 30 000 h的光子通量维持率不低于 70％	6.1.3.1
	使用寿命	按光子通量维持率推算或实测寿命应不低于额定(标称)寿命的 90％		6.1.3.2

5.2 安全要求

下列各项应符合 GB 7000.1—2015 第 4 章～15 章的要求:

a) 防触电保护;

b) 灯外壳的防尘、防固体异物和防水;

c) 绝缘电阻和电器强度;

d) 爬电距离和电气间隙;

e) 接地规定。

5.3 外观质量

植物补光灯外观应整洁,表面不应有划伤、裂缝、毛刺、霉斑等缺陷,表面涂/镀层不应有起泡、龟裂、脱落等缺陷。金属零件不应有锈蚀及其他机械损伤,灌注物(如果有)不应外溢。零部件应紧固无松动。整灯应具有足够的机械稳定性。

5.4 使用说明书

产品使用说明书应至少包括以下内容:

a) 产品介绍;

b) 应用环境;

c) 主要技术参数;

d) 安装说明(包括关键尺寸信息);

e) 常见故障与排除方法;

f) 注意事项。

5.5 标记

5.5.1 标记信息至少包括以下内容:

a) 来源标记;

b) 额定电压(V);

c) 额定功率(W);

d) IP 数字标记;

e) 产品型号;

f) CCC 标志(实施 CCC 认证管理的)。

5.5.2 标记信息应清晰持久地标记在灯具上。

6 检测方法

6.1 性能测试

6.1.1 电气特性

6.1.1.1 高压钠灯具功率及功率因数按 GB/T 5700—2008 中 5.4 和 6.5 的规定进行测试。

6.1.1.2 LED 灯具功率及功率因数按 GB/T 24824—2009 中 5.1 的规定进行测试。

6.1.2 光学特性

6.1.2.1 光合光子通量

采用光谱分析系统(积分球光谱辐射计或分布光谱辐射计)测量植物补光灯的光谱功率分布,光谱间隔 2 nm,将获得植物补光灯的光谱功率分布代入式(1)计算出光合光子通量。对于光谱功率分布已知的植物补光灯,直接根据式(1)计算光合光子通量。

$$\Phi_{pp} = \frac{\sum\limits_{\lambda_0}^{\lambda_L} \Phi_e(\lambda_i) \cdot \lambda_i}{nhc} \quad\cdots\cdots\cdots\cdots\cdots (1)$$

式中:

Φ_{pp} ——光合光子通量,单位为微摩尔每秒(μmol/s);

λ_0 ——最小波长,单位为纳米(nm);

$\Phi_e(\lambda_i)$ ——光谱功率分布,单位为瓦每米(W/m);

λ_i ——波长,单位为纳米(nm);

λ_L ——最大波长,单位为纳米(nm);

n ——1 μmol 光子数,数值为 6.02×10^{17};

h ——普朗克常数,数值为 6.626×10^{-34} J·s;

c ——光速,单位为米每秒(m/s)。

6.1.2.2 光子通量效能

光子通量效能按式(2)计算。

$$\eta_p = \frac{\Phi_{pp}}{\Phi_\lambda} \quad\cdots\cdots\cdots\cdots\cdots\cdots\cdots\cdots\cdots\cdots (2)$$

式中:

η_p ——光子通量效能,单位为微摩尔每秒每瓦[μmol/(s·W)];

Φ_λ ——光谱功率分布,单位为瓦每米(W/m)。

6.1.2.3 光谱分布特性

按式(1)计算得到红光(620 nm~690 nm)光子通量 Φ_{1p},其中 λ_0 为 620 nm,λ_L 为 690 nm。按式(1)计算得到蓝光(420 nm~470 nm)光子通量 Φ_{2p},其中 λ_0 为 420 nm,λ_L 为 470 nm。

光谱分布特性按式(3)计算。

$$R_{RB} = \frac{\Phi_{1p} + \Phi_{2p}}{\Phi_p} \times 100 \quad\cdots\cdots\cdots\cdots\cdots\cdots (3)$$

式中:

R_{RB} ——红蓝光之和占比,单位为百分号(%);

Φ_{1p} ——红光光子通量,单位为微摩尔每秒(μmol/s);

Φ_{2p} ——蓝光光子通量,单位为微摩尔每秒(μmol/s);

Φ_p ——光子通量,单位为微摩尔每秒(μmol/s)。

6.1.3 寿命

6.1.3.1 光子通量维持率

在光合光子通量测量时,从开始点燃起,至少每隔 300 h 记录光子通量值,测量植物补光灯在燃点时间的光子通量值。测试时,植物补光灯每燃点 2 h 45 min 之后,应关闭 15 min,关闭时间不计入测试时间。推算时,测试到 6 000 h 为止,以 1 000 h 的光子通量为推算起始值,利用 1 000 h~6 000 h 的光子通量数据,推算植物补光灯在燃点时间为 10 000 h、20 000 h 或 30 000 h 时的光子通量,或实测出 10 000 h、20 000 h 或 30 000 h 的光子通量。按式(4)计算。

$$\tau = \frac{\Phi_t}{\Phi_0} \times 100 \quad\cdots\cdots\cdots\cdots\cdots\cdots\cdots\cdots (4)$$

式中:

τ ——光子通量维持率,单位为百分号(%);

Φ_t ——燃点时间的光子通量,单位为微摩尔每秒(μmol/s);

Φ_0 ——初始光子通量,单位为微摩尔每秒(μmol/s)。

6.1.3.2 使用寿命

在测量光子通量维持率时,若植物补光灯在 6 000 h 内失效,则失效点的前一个时间点为该灯的使用寿命。超出 6 000 h 的可继续实测或按下述寿命推算方法推算。推算时,以 1 000 h 的光子通量为推算起始值,利用 1 000 h～6 000 h 的光子通量数据拟合曲线,推算植物补光灯在光子通量下降到起始值的 70% 的时间燃点时间,即为使用寿命。实测时,当光子通量为起始值的 70% 的燃点时间,即为使用寿命。

6.2 安全要求

按照 5.2 的规定逐项核对,符合有资质的检验检测机构出具的检测报告,CCC 认证管理的除外。

6.3 外观质量

采用目测法检查外观质量是否符合 5.3 的要求。

6.4 使用说明书

审查使用说明书是否符合 5.4 的要求。

6.5 标记

检查标记是否符合 5.5 的要求。

7 检验规则

7.1 不合格项目分类

检验项目按其对应产品质量影响程度分为 A、B 两类,不合格项目分类见表 4。

表 4 检验项目及不合格分类

类别	序号	项目名称	对应的质量要求的条款号
A	1	安全要求	5.2
	2	光合光子通量	5.1
	3	光子通量效能	5.1
	4	光谱分布特性	5.1
	5	使用寿命	5.1
	6	光子通量维持率	5.1
B	1	功率	5.1
	2	功率因数	5.1
	3	外观质量	5.3
	4	使用说明书	5.4
	5	标记	5.5

7.2 抽样方案

抽样方案按 GB/T 2828.11—2008 中 B.1 的规定制订,见表 5。

表 5 抽样方案

检验水平	O
声称质量水平(DQL)	1
核查总体(N)	30
样本量(n)	1
不合格品限定数(L)	0

7.3 抽样方法

在生产企业近一年内生产且自检合格的产品中随机抽样,抽样基数应不少于 30 只(在销售渠道或最终用户中抽样时不受此限);抽取样品 4 只,其中 1 只用于检验,另外 3 只备用。由于非质量原因造成试验无法继续进行时,启用备用样品。

7.4 判定规则

7.4.1 样品的 A、B 类检验项目逐项进行考核和判定。当 A 类不合格项目数为 0(即 A=0)、B 类不合格项目数不超过 1(即 B≤1),判定样品为合格品;否则,判定样品为不合格品。

7.4.2 试验期间,因样品质量原因造成故障,致使试验不能正常进行,应判定产品不合格。

7.4.3 若样品为合格则判检查总体为通过,若样品为不合格则判检查总体为不通过。

附　录　A

（规范性附录）

产　品　规　格　表

产品规格表见表 A.1。

表 A.1　产品规格表

序号	项目	单位	规格
1	规格型号	/	
2	外形尺寸	mm	
3	额定电压	V	
4	额定功率	W	
5	额定寿命	h	
6	IP 数字标记	/	
7	质量	kg	

ICS 65.060.30
B 91

中华人民共和国农业行业标准

NY/T 3660—2020

花生播种机 作业质量

Operating quality for peanut planter

2020-07-27 发布

2020-11-01 实施

中华人民共和国农业农村部 发布

前　言

本标准按照 GB/T 1.1—2009 给出的规则起草。

本标准由农业农村部农业机械化管理司提出。

本标准由全国农业机械标准化技术委员会农业机械化分技术委员会(SAC/TC 201/SC 2)归口。

本标准起草单位：农业农村部农业机械化技术开发推广总站、山东省农业机械技术推广站。

本标准主要起草人：吴传云、姜宜琛、胡东元、程胜男、张树阁、赵莹、花登峰、王超、马根众、李鹍鹏。

花生播种机 作业质量

1 范围

本标准规定了花生播种机的作业质量要求、检测方法和检验规则。

本标准适用于花生播种机春季穴播作业的质量评定。

2 规范性引用文件

下列文件对于本文件的应用是必不可少的。凡是注日期的引用文件,仅注日期的版本适用于本文件。凡是不注日期的引用文件,其最新版本(包括所有的修改单)适用于本文件。

GB 4407.2 经济作物种子 第 2 部分:油料类

3 术语和定义

下列术语和定义适用于本文件。

3.1

垄顶膜上覆土厚度 thickness of the soil covering the ridge top mask

播行处垄顶膜上覆土厚度。

3.2

播种深度 depth of sowing

种子上部到地膜(无地膜覆盖时为地表)的垂直距离。

3.3

种肥间距 the shortest distance between seed and fertilizer

种子与肥料之间的最短距离。

4 作业质量要求

4.1 作业条件

地块平整,土壤表层疏松细碎,上虚下实。种子应符合 GB 4407.2 的规定,穴粒数符合当地农艺要求。春季花生播种前 5 d 地表 5 cm 以下日平均地温应达 12℃以上;土壤相对含水量为 65%~70%。机手应按当地春播花生农艺要求和使用说明书规定调整和使用花生播种机。

4.2 作业质量指标

在 4.1 规定的作业条件下,花生播种机作业质量应符合表 1 的规定。

表 1 作业质量要求

序号	检测项目名称	质量指标要求	检测方法对应的条款号
1	膜边覆土率	≥98.0%	5.3.1
2	邻接垄距合格率	≥75.0%	5.3.2
3	垄顶膜上覆土厚度合格率	≥85.0%	5.3.3
4	穴距合格率	≥80.0%	5.3.4
5	空穴率	≤3.0%	5.3.4
6	穴粒数合格率	≥75.0%	5.3.4
7	播种深度合格率	≥85.0%	5.3.4

表 1（续）

序号	检测项目名称	质量指标要求	检测方法对应的条款号
8	种肥间距合格率	≥85.0%	5.3.4

注 1：邻接垄距以当地农艺要求±5 cm 为合格。
注 2：垄顶膜上覆土厚度以当地农艺要求±0.5 cm 为合格。
注 3：穴距以当地农艺要求×(1±10%) 为合格。
注 4：合格穴粒数为当地农艺要求的粒数。
注 5：播种深度 3 cm～5 cm 为合格。
注 6：种肥间距以当地农艺要求±1 cm 为合格。

5 检测方法

5.1 抽样方法

在播种机作业后的地块中，沿地块长宽方向的中点连十字线，将地块分成 4 块，随机选取对角的 2 块作为检测样本地块。同一大地块由多台不同型号播种机作业后，先找出每台播种机作业后的分界线，把分界线当作地边线按上述方法抽样。

5.2 测点确定

在检测样本地块内找到 2 条对角线，对角线的交点作为一个取样点，然后，在 2 条对角线上，距 4 个顶点距离约为对角线长的 1/4 处取另外 4 个点作为取样点，在 5 个取样点处取 2 垄 2 行。各检测项目测点选取方法见表 2。

表 2 测点选取方法

检测项目	每个取样点处测点选取方法
膜边覆土率	沿垄长以 5 m 为 1 个小区长度，每垄每侧连续取 5 个小区
邻接垄距合格率	沿垄长每隔 5 m 为 1 个测点，每垄每侧连续测 5 点
垄顶膜上覆土厚度合格率	沿垄长方向，每播行每隔 50 cm 为 1 个测点，每行连续测 10 点
穴距合格率、空穴率、穴粒数合格率、播种深度合格率、种肥间距合格率	沿播行，每行连续选取测量 10 个穴距、10 个测点

5.3 作业质量测定

5.3.1 膜边覆土率

按 5.2 选取测区，测量每个测区内地膜边缘未覆土长度，按式（1）计算膜边覆土率，求平均值。

$$Y = (1 - \frac{b}{b_0}) \times 100 \quad \cdots\cdots\cdots\cdots\cdots\cdots\cdots\cdots\cdots\cdots\cdots\cdots \quad (1)$$

式中：

Y——膜边覆土率，单位为百分号（%）；

b——膜边未覆土长度之和，单位为米（m）；

b_0——测定总长度，单位为米（m）。

5.3.2 邻接垄距合格率

按 5.2 选取测点，测量相邻两工作幅宽的邻接垄距，按式（2）计算邻接垄距合格率，求平均值。

$$Q = \frac{t}{t_0} \times 100 \quad \cdots\cdots\cdots\cdots\cdots\cdots\cdots\cdots\cdots\cdots\cdots\cdots \quad (2)$$

式中：

Q——邻接垄距合格率，单位为百分号（%）；

t——邻接垄距合格数，单位为个；

t_0——邻接垄距测定总数，单位为个。

5.3.3 垄顶膜上覆土厚度合格率

按 5.2 选取测点，测量垄顶膜上覆土厚度。按式（3）计算垄顶膜上覆土厚度合格率，求平均值。

$$W = \frac{d}{d_0} \times 100 \quad \cdots\cdots\cdots\cdots\cdots\cdots\cdots\cdots\cdots\cdots\cdots\cdots\cdots\cdots\cdots\cdots\cdots\cdots\cdots \quad (3)$$

式中：

W——垄顶膜上覆土厚度合格率，单位为百分号(%)；

d——垄顶膜上覆土厚度合格数，单位为个；

d_0——垄顶膜上覆土厚度测定总数，单位为个。

5.3.4 穴距合格率、空穴率、穴粒数合格率、播种深度合格率、种肥间距合格率

按5.2选取测点，将地膜揭开，从垄顶开始用手或工具缓慢轻拨土层直至露出种子，注意在拨土过程中不要触动种子，记录每穴种子粒数，测量穴距和播种深度。然后，继续拨土至露出肥料，测量种肥间距。按式(4)分别计算穴距合格率、空穴率、穴粒数合格率、播种深度合格率、种肥间距合格率，求平均值。

$$H = \frac{n}{n_0} \times 100 \quad \cdots\cdots\cdots\cdots\cdots\cdots\cdots\cdots\cdots\cdots\cdots\cdots\cdots\cdots\cdots\cdots\cdots\cdots\cdots \quad (4)$$

式中：

H——穴距合格率、空穴率、穴粒数合格率、播种深度合格率、种肥间距合格率，单位为百分号(%)；

n——穴距合格数、空穴数、种子粒数合格穴数、播种深度合格数、种肥间距合格数，单位为个；

n_0——穴距、穴数、播种深度、种肥间距测定总数，单位为个。

6 检验规则

6.1 作业质量考核项目

作业质量考核项目见表3。

表3 作业质量考核项目

序号	检测项目名称
1	膜边覆土率
2	邻接垄距合格率
3	垄顶膜上覆土厚度合格率
4	穴距合格率
5	空穴率
6	穴粒数合格率
7	播种深度合格率
8	种肥间距合格率

6.2 判定规则

对确定的检测项目进行逐项考核。所有项目全部合格，则判定花生播种机作业质量为合格；否则为不合格。

ICS 65.060.30
B 91

中华人民共和国农业行业标准

NY/T 3663—2020

水稻种子催芽机　质量评价技术规范

Technical specification of quality evaluation for rice seed budding equipment

2020-07-27 发布

2020-11-01 实施

中华人民共和国农业农村部 发布

前　言

本标准按照 GB/T 1.1—2009 给出的规则起草。

本标准由农业农村部农业机械化管理司提出。

本标准由全国农业机械标准化技术委员会农业机械化分技术委员会(SAC/TC 201/SC 2)归口。

本标准起草单位:黑龙江农垦农业机械试验鉴定站、哈尔滨文峰航空技术有限公司、南京沃杨机械科技有限公司、安徽省农业机械试验鉴定站。

本标准主要起草人:修德龙、柳春柱、范淼、牛文祥、杜吉山、吕红梅、李喜陆、李仿舟、朱梅梅、于孟京、常相铖、李东涛、高广智。

水稻种子催芽机　质量评价技术规范

1　范围

本标准规定了水稻种子催芽机的术语和定义、型号编制规则、基本要求、质量要求、检测方法和检验规则。

本标准适用于水稻种子催芽机的质量评定。

2　规范性引用文件

下列文件对于本文件的应用是必不可少的。凡是注日期的引用文件,仅注日期的版本适用于本文件。凡是不注日期的引用文件,其最新版本(包括所有的修改单)适用于本文件。

GB/T 2828.11—2008　计数抽样检验程序　第11部分:小总体声称质量水平的评定程序

GB 4404.1　粮食作物种子　第1部分:禾谷类

GB/T 9480　农林拖拉机和机械、草坪和园艺动力机械　使用说明书编写规则

GB 10395.1　农林机械　安全　第1部分:总则

GB 10396　农林拖拉机和机械、草坪和园艺动力机械　安全标志和危险图形　总则

GB/T 13306　标牌

3　术语和定义

下列术语和定义适用于本文件。

3.1

水稻种子催芽机　rice seed budding equipment

具有自动控制功能,通过水浸、喷淋、蒸汽等方式实现水稻种子破胸、催芽过程的设备。

3.2

浸种　water-impregnated rice species

将种子浸泡在水液中,吸足水分的过程。

3.3

破胸　broken chest

胚根突破谷壳露白的过程。

3.4

催芽　seed bud

在适宜的水分、氧气、温度等条件下,促使水稻种子集中、整齐地发芽的过程。

4　型号编制规则

水稻种子催芽机产品型号按以下内容表示:

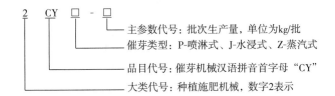

示例:

2CYJ-1000表示批次生产量是1 000 kg/批的水浸式水稻种子催芽机。

5 基本要求

5.1 质量评价所需的文件资料

对水稻种子催芽机进行质量评价所需文件资料应包括：

a) 产品规格表（见附录 A）；

b) 企业产品执行标准或产品制造验收技术条件；

c) 产品使用说明书；

d) 产品三包凭证；

e) 产品照片 4 张（正前方、正后方、正前方两侧 45°各 1 张），产品铭牌照片 1 张。

5.2 主要技术参数核对与测量

依据产品使用说明书、铭牌和其他技术文件，对样机的主要技术参数按表 1 进行核对或测量。

表 1 核测项目与方法

序号	核测项目	单位	方法
1	产品型号名称	/	核对
2	批次生产量	kg/批	测量（每批次催芽的干种子质量）
3	催芽箱容积	m³	核对
4	配套总功率	kW	核对
5	温度控制方式	/	核对
6	温度调整范围	/	核对
7	水位控制器类型	/	核对
8	自动报警装置类型	/	核对

5.3 试验条件

5.3.1 试验样机应为企业近 12 个月内生产且安装验收合格的产品，试验前应按照说明书的要求调整到正常工作状态。

5.3.2 试验所选用水稻种子应符合 GB 4404.1。

5.3.3 试验应在环境温度为 5℃～20℃条件下进行。

5.3.4 试验电压为 380 V（或 220 V），偏差不超过工作电压的±5%。

5.4 主要仪器设备

试验用仪器设备应经过计量检定或校准且在有效期内，仪器设备的测量范围和准确度要求不低于表 2 的规定。

表 2 主要仪器设备测量范围和准确度要求

序号	被测参数名称	测量范围	准确度要求
1	长度	0 m～10 m	2 级
2	质量	0 kg～1 000 kg	Ⅲ级
		0 g～600 g	0.1 g
3	时间	0 h～24 h	0.5 s/d
4	温度	0℃～100℃	0.1℃
5	耗电量	0 kW·h～500 kW·h	2 级
6	绝缘电阻	0 MΩ～500 MΩ	10 级
7	电压	0 V～500 V	0.1 V

6 质量要求

6.1 性能要求

水稻种子催芽机的主要性能指标应符合表 3 的规定。

表 3 主要性能指标要求

序号	项　　目		质量指标	对应的检测方法条款
1	批次生产量,kg/批		符合说明书规定的明示值	7.1.1
2	千克种子催芽耗电量,kW·h/kg	蒸汽式	≤0.1	7.1.2
		水浸式和喷淋式	≤0.3	
3	催芽箱内最大温差,℃		≤2	7.1.3
4	催芽箱内温度稳定性,℃		≤1	
5	温控系统工作准确性		准确、可靠	7.1.4
6	给水系统工作准确性[a]		准确、可靠	7.1.5
7	种子相对发芽率		不小于种子发芽率[b]的95%	7.1.6

[a] 适用于水浸式和喷淋式水稻种子催芽机。

[b] 指种子包装、标签明示的发芽率。

6.2 安全要求

6.2.1 安全防护

6.2.1.1 对可能造成人员伤害的所有外露传动部件和转动部件,应设有安全防护装置,安全防护装置应符合 GB 10395.1 的规定。

6.2.1.2 水稻种子催芽机应有保温、隔热设施。保温层的厚度应不小于 50 mm,且无毒、无异味。

6.2.1.3 所有电线、电缆应安装在阻燃绝缘管内。

6.2.1.4 电气系统应设置过载和漏电保护装置及可靠的接地装置,带电端子与机体间的绝缘电阻应不小于 20 MΩ。

6.2.1.5 应设置温度和水位超限报警装置。

6.2.2 安全信息

对操作者有危险的部位应有安全警示标志,安全警示标志应符合 GB 10396 的规定,应在使用说明书中复现。

6.3 装配和外观质量

6.3.1 所有转动件应转动灵活,无卡滞现象,机组运转应平稳,不得有异常声响。

6.3.2 各连接处紧固件应连接牢固,不得松动。

6.3.3 水稻种子催芽机的外表面不得有起皱、起皮、漏底漆、刮伤、划痕等缺陷。

6.4 操作方便性

6.4.1 水稻种子催芽机的控制仪表应安装在便于观察和操作的位置,面盘应整洁,字迹应清晰。

6.4.2 自动控温、自动进水和水位控制装置应灵敏可靠。

6.5 可靠性

考核过程中不得发生致命故障和严重故障,水稻种子催芽机的使用有效度应不小于 98%。

6.6 使用说明书

说明书应按照 GB/T 9480 的规定编写,至少应包括以下内容:

a) 产品特点及主要用途;

b) 安全警示标志并明确其粘贴位置;

c) 安全注意事项；

d) 产品执行标准及产品技术参数；

e) 结构特征及工作原理；

f) 安装、调试和使用方法；

g) 维护和保养说明；

h) 常见故障及排除方法。

6.7 三包凭证

三包凭证至少应包括以下内容：

a) 产品名称、型号规格、购买日期、出厂编号；

b) 制造商名称、联系地址、电话；

c) 销售者和修理者的名称、联系地址、电话；

d) 三包项目；

e) 三包有效期（包括整机三包有效期、主要部件质量保证期以及易损件和其他零部件质量保证期，其中整机三包有效期和主要部件质量保证期不得少于 12 个月）；

f) 主要部件名称；

g) 销售记录（包括销售者、销售地点、销售日期、购机发票号码）；

h) 修理记录（包括送修时间、交货时间、送修故障、修理情况、退换货证明）；

i) 不承担三包责任的情况说明。

6.8 铭牌

在水稻种子催芽机醒目的位置应有永久性铭牌，其内容应符合 GB/T 13306 的规定，铭牌应至少包括以下内容：

a) 产品名称、型号；

b) 催芽室容积等主要技术参数；

c) 配套总功率；

d) 产品执行标准编号；

e) 生产日期、出厂编号；

f) 制造商名称、地址。

7 检测方法

7.1 性能试验

在满足试验条件的情况下，进行一个批次生产量的性能试验。

7.1.1 批次生产量的测定

干种子入机前，进行称重，记录干种子总质量 M_r，即为此次水稻种子催芽机批次生产量。批次生产量应符合说明书的规定。

7.1.2 千克种子催芽耗电量的测定

记录从浸种开始到催芽结束时的作业时间，同时测量水稻种子催芽机耗电量，按式（1）计算千克种子催芽耗电量。

$$E_r = \frac{Q_r}{M_r} \quad\cdots\cdots\cdots\cdots\cdots\cdots\cdots\cdots\cdots\cdots\cdots\cdots\cdots\cdots\cdots\cdots\cdots\cdots\cdots（1）$$

式中：

E_r——种子催芽耗电量，单位为千瓦小时每千克（kW·h/kg）；

Q_r——总耗电量，单位为千瓦小时（kW·h）；

M_r——干种子总质量，单位为千克（kg）。

7.1.3 催芽箱内最大温差、温度稳定性测定

选取催芽箱中物料的最上层、最下层和中间层共3层,取四边形对角线的四角点和中心点,3层共计取15点,布置温度测量仪。在水稻种子催芽过程中,每间隔1 h,记录一次各点温度,计算所有测点温度的最大值与最小值差值,按式(2)、式(3)计算温度稳定性。共测量3次,催芽箱内最大温差取最大值,催芽箱内温度稳定性取最大值。

$$\bar{x} = \frac{\sum\limits_{i=1}^{n} x_i}{n} \quad \cdots\cdots\cdots\cdots\cdots\cdots\cdots\cdots\cdots\cdots\cdots\cdots\cdots (2)$$

$$S = \sqrt{\frac{\sum\limits_{i=1}^{n} (x_i - \bar{x})^2}{n-1}} \quad \cdots\cdots\cdots\cdots\cdots\cdots\cdots (3)$$

式中:

S ——标准差,单位为摄氏度(℃);

x_i ——每点每次温度值,单位为摄氏度(℃);

$\bar{x}$ ——各点温度平均值,单位为摄氏度(℃);

n ——测定点数。

7.1.4 温控系统工作准确性

往催芽箱里注水(蒸汽),同时测量水(蒸汽)温,当催芽箱水(蒸汽)温低于水稻种子催芽机设定最低水(蒸汽)温时,观察加热装置是否开始工作,当水(蒸汽)温加热到水稻种子催芽机设定最高温度时,观察加热装置是否停止工作。加热装置在设定的最低和最高温度时能够正常工作,则温控系统工作准确、可靠。

7.1.5 给水系统工作准确性

往催芽箱里注水,当催芽箱水位达到水位控制器最高控制线位置时,观察供水系统是否停止工作。手动开启排水系统,当催芽箱水位低于水位控制器最低控制线位置时,观察供水系统是否开始工作。如果供水系统能够在水位控制器最低和最高控制线位置正常工作,则给水系统工作准确、可靠。

7.1.6 种子相对发芽率测定

7.1.6.1 种子实际发芽率

催芽结束后,在出箱种子中随机抽取5份,每份大于100粒,检查种子破胸露白粒数,按式(4)计算发芽率,并计算平均值。对于以料盘为承种容器且料盘数量多的水稻种子催芽机,选取发芽箱中物料的最上层、最下层和中间层共3层,取四边形对角线的四角点和中心点,3层共计取15点的物料。

$$Y_S = \frac{m_g}{m_{g0}} \times 100 \quad \cdots\cdots\cdots\cdots\cdots\cdots\cdots\cdots\cdots\cdots\cdots\cdots\cdots (4)$$

式中:

Y_S ——种子实际发芽率,单位为百分号(%);

m_g ——种子破胸露白粒数,单位为粒;

m_{g0} ——每份种子粒数,单位为粒。

7.1.6.2 种子相对发芽率

按式(5)计算种子相对发芽率。

$$Y_X = \frac{Y_S}{Y_Z} \times 100 \quad \cdots\cdots\cdots\cdots\cdots\cdots\cdots\cdots\cdots\cdots\cdots\cdots\cdots (5)$$

式中:

Y_X ——种子相对发芽率,单位为百分号(%);

Y_Z ——种子发芽率,单位为百分号(%)。

7.2 安全要求检查

绝缘电阻测量方法:用绝缘电阻表施加500 V电压,测量电机接线端子、配电箱接线端子与机壳间的

绝缘电阻。其他项目按照 6.2 的规定检查。

7.3 装配和外观质量检查

按照 6.3 的规定检查。

7.4 操作方便性检查

按照 6.4 的规定检查。

7.5 可靠性测定

7.5.1 试验选用样机为 1 台,且累计作业时间不低于 48 h(累计作业时间不大于 49 h)。

7.5.2 记录作业时间、样机故障情况及排除时间,按式(6)计算使用有效度。

$$K = \frac{T_z}{T_z + T_g} \times 100 \quad\cdots\cdots\cdots\cdots\cdots\cdots\cdots\cdots\cdots\cdots\cdots\cdots\cdots\cdots\cdots\cdots (6)$$

式中:

K ——有效度,单位为百分号(%);

T_z ——样机作业时间,单位为小时(h);

T_g ——样机故障排除时间,单位为小时(h)。

7.5.3 故障分类

故障分类见表 4。

表 4 故障分类

故障分类	故障分类原则	故障示例
致命故障	导致功能完全丧失或造成重大经济损失的故障;危及作业安全、导致人身伤亡或引起重要总成(系统)报废	热源设备损坏、温控设备故障
严重故障	导致功能严重下降或经济损失显著的故障;主要零部件损坏、关键部位的紧固件损坏	电机及控制设备等主要工作部件损坏
一般故障	导致功能下降或经济损失增加的故障;一般的零部件和标准件损坏或脱落,通过调整或更换便可修复	接线错误、接线不良等引起的故障

7.6 使用说明书审查

按照 6.6 的规定检查。

7.7 三包凭证审查

按照 6.7 的规定检查。

7.8 铭牌审查

按照 6.8 的规定检查。

8 检验规则

8.1 不合格项目分类

检验项目按其对产品质量影响的程度分为 A、B 两类,不合格项目分类见表 5。

表 5 检验项目及不合格分类

不合格分类		检验项目		对应的质量要求条款
项目	序号			
A	1	安全要求	安全防护	6.2.1
			安全信息	6.2.2
	2	有效度		6.5
	3	种子相对发芽率		6.1
	4	催芽箱内温度最大温差		6.1
	5	催芽箱内温度稳定性		6.1
	6	温控系统工作准确性		6.1
	7	给水系统工作准确性		6.1

表 5（续）

不合格分类		检验项目	对应的质量要求条款
项目	序号		
B	1	批次生产量	6.1
	2	千克种子催芽耗电量	6.1
	3	装配和外观质量	6.3
	4	操作方便性	6.4
	5	使用说明书	6.6
	6	三包凭证	6.7
	7	铭牌	6.8

8.2 抽样方案

按 GB/T 2828.11—2008 中表 B.1 的规定制订，见表 6。

表 6 抽样方案

检验水平	0
声称质量水平（DQL）	1
检查总体（N）	10
样本量（n）	1
不合格品限定数（L）	0

8.3 抽样方法

根据抽样方案确定，抽样基数为 10 台，抽样数量为 1 台，样机应在生产企业近 12 个月内生产的合格产品中随机抽取（其中，在用户和销售部门抽样时不受抽样基数限制）。

8.4 判定规则

8.4.1 样机合格判定

对样机中 A、B 各类检验项目逐项检验和判定，当 A 类不合格项目数为 0（即 A＝0）、B 类不合格项目数不大于 1（即 B≤1）时，判定样机为合格品，否则判定样机为不合格品。

8.4.2 综合判定

若样机为合格品（即样本的不合格数不大于不合格品数限定数），则判通过；若样机为不合格品（即样本的不合格数大于不合格品限定数），则判定不通过。

附　录　A
（规范性附录）
产品规格表

产品规格见表 A.1。

表 A.1　产品规格

序号	项目	单位	设计值
1	产品型号名称	/	
2	批次生产量	kg/批	
3	催芽箱容积	m³	
4	配套总功率	kW	
5	温度控制方式	/	
6	温度调整范围	/	
7	水位控制器类型	/	
8	自动报警装置类型	/	

ICS 65.060.50
B 91

中华人民共和国农业行业标准

NY/T 3664—2020

手扶式茎叶类蔬菜收获机
质量评价技术规范

Technical specification of quality evaluation for hand-held stalk and
leaf vegetable harvester

2020-07-27 发布   2020-11-01 实施

中华人民共和国农业农村部 发布

NY/T 3664—2020

前　言

本标准按照 GB/T 1.1—2009 给出的规则起草。

本标准由农业农村部农业机械化管理司提出。

本标准由全国农业机械标准化技术委员会农业机械化分技术委员会(SAC/TC 201/SC 2)归口。

本标准起草单位:上海市农业机械鉴定推广站、上海市农业机械研究所、上海市农业技术推广服务中心。

本标准主要起草人:孙月星、岳崇勤、夏海荣、张寒波、王琪琛、袁益明、吴福良、陆春胜、闻俊、李建勇。

手扶式茎叶类蔬菜收获机 质量评价技术规范

1 范围

本标准规定了手扶式茎叶类蔬菜收获机的术语和定义、基本要求、质量要求、检测方法和检验规则。

本标准适用于进行无序收获的手扶式茎叶类蔬菜电动收获机(以下简称收获机)的质量评价。

2 规范性引用文件

下列文件对于本文件的应用是必不可少的。凡是注日期的引用文件,仅注日期的版本适用于本文件。凡是不注日期的引用文件,其最新版本(包括所有的修改单)适用于本文件。

GB/T 2828.11—2008 计数抽样检验程序 第11部分:小总体声称质量水平的评定程序

GB/T 5262 农业机械试验条件 测定方法的一般规定

GB/T 5667 农业机械 生产试验方法

GB 10396 农林拖拉机和机械、草坪和园艺动力机械 安全标志和危险图形 总则

GB/T 13306 标牌

3 术语和定义

下列术语和定义适用于本文件。

3.1

茎叶类蔬菜 stems and leaves vegetables

以叶片及叶柄为产品的蔬菜。

3.2

割茬高度 crop height

收割后,留茬最高点至地面的垂直距离。

3.3

割台损失 header loss

在割幅内,被切割下但未进入输送带的蔬菜。

3.4

漏割损失 harvest loss

在割幅内,应收未收的蔬菜。

3.5

损伤 hurt

收获的蔬菜中,因机械收获作业而产生的叶片脱落、茎叶明显折伤的蔬菜。

4 基本要求

4.1 质量评价所需的文件资料

对收获机进行质量评价所需文件资料应包括:

a) 产品规格表(见附录A);

b) 企业产品执行标准或产品制造验收技术条件;

c) 产品使用说明书;

d) 产品三包凭证;

e) 产品照片 4 张(正前方、正后方、正前方两侧 45°各 1 张)。

4.2 主要技术参数核对与测量

依据产品使用说明书、铭牌和企业提供的其他技术文件,对样机的主要技术参数按照表 1 的规定进行核对或测量。

表 1 核测项目与方法

序号	核测项目	单位	方法
1	规格型号	/	核对
2	外形尺寸(长×宽×高)	mm	测量
3	收割方式	/	核对
4	割幅	m	测量
5	割台调节范围	m	测量
6	整机质量	kg	测量
7	最小离地间隙	mm	测量
8	变速挡位	/	核对
9	电瓶容量	Ah	核对
10	电瓶电压	V	核对

4.3 试验条件

4.3.1 试验用地

试验地应根据试验样机的适用范围,选择当地有代表性的菜田,菜田应平整、无石块等坚硬杂物,土壤绝对含水率应在 20%～35%。试验菜品应生长均匀,选择适合的收割期,无明显缺株现象。菜田的面积应能满足各测试项目的测定要求;测区长度不小于 20 m,两端稳定区长分别不小于 5 m。

4.3.2 试验样机

试验样机应按照使用说明书的要求安装并调整到正常工作状态。

4.4 主要仪器设备

试验用仪器设备应经过计量检定或校准且在有效期内,仪器设备的测量范围和准确度要求应满足表 2 的规定。

表 2 主要仪器设备测量范围和准确度要求

序号	测量参数名称	测量范围	准确度要求
1	长度	0 mm～500 mm	1 mm
		0 m～5 m	1 mm
		0 m～50 m	10 mm
2	时间	0 h～24 h	1 s/d
3	噪声	35 dB(A)～130 dB(A)	2 级
4	质量	0 g～5 000 g	1 g
		0 kg～50 kg	0.05 kg
5	环境温度	0℃～50℃	1℃
6	环境湿度	10%～90%	5%RH

5 质量要求

5.1 性能要求

收获机性能指标应符合表 3 的要求。

表 3 性能指标要求

序号	项目	质量指标	对应的检测方法条款号
1	割茬高度,mm	符合农艺要求	6.1.2.1
2	割台损失率,%	≤0.5	6.1.2.3

表 3（续）

序号	项目	质量指标	对应的检测方法条款号
3	漏割损失率,%	≤2.0	6.1.2.4
4	净菜率,%	≥95	6.1.2.5
5	损伤率,%	≤0.5	6.1.2.6
6	纯工作小时生产率,hm²/h	≥0.04	6.1.2.7
7	耳位噪声,dB(A)	≤80	6.1.2.8

5.2 安全要求

5.2.1 安全防护

5.2.1.1 所有电线、电缆应安装在阻燃绝缘管内。

5.2.1.2 电气系统应具有欠压、过载和短路保护功能。

5.2.1.3 所有回转件外露部分如带锯刀、传动机构等应有安全防护装置。

5.2.1.4 机具应有急停装置和电控钥匙。

5.2.2 安全标志

5.2.2.1 应在存在危险或有潜在危险的部位固定安全标志;

5.2.2.2 安全标志应符合 GB 10396 的规定;

5.2.2.3 使用警告标识,描述如下潜在危险:
——收割刀具等部件可能割伤身体部位,人与收获机保持安全距离;
——收获机运转时,不允许打开或拆下安全防护罩。

5.2.2.4 使用注意标识,描述如下内容:
——使用前请详细阅读使用说明书;
——使用前,应检查收割刀具的紧固状况,齿轮箱和润滑部件加注润滑油;

5.2.2.5 安全标志应在使用说明书中重现,用图文描述可能存在的危险或由潜在危险、危险所造成的伤害以及如何避免危险,并指明其在收获机上的张贴部位。

5.3 装配与外观质量

5.3.1 各紧固件的联结应牢固可靠,易松脱的零部件应装有防松装置。

5.3.2 运动件应操作灵活,不应有卡死、磕碰等现象。

5.3.3 所有锐角应倒钝,不应有毛刺。

5.3.4 外观应整洁,无油污、锈蚀和明显的伤痕、破损等缺陷。

5.3.5 空运转运行,各联结件、紧固件无松动;运转平稳,无异响;升降割台运转正常。

5.4 操作方便性

5.4.1 各操纵机构应灵活、有效。

5.4.2 调整、保养、更换零部件应方便。

5.4.3 保养点应设计合理,便于操作。

5.5 使用有效度

使用有效度应不低于95%。

5.6 使用说明书

每台收获机应附有使用说明书。至少应包括以下内容:

a) 要求操作者在使用收获机之前,仔细阅读产品使用说明书,充分了解机具操作方法、安全注意事项等方面内容的警示性语句;

b) 产品特点及适用范围;

c) 主要技术参数;

d) 安全使用规则、注意事项和安全标志的说明;

e) 产品结构示意图及线路图;

f) 机具启动、操作和停止的方法与步骤;

g) 常见故障现象、原因分析及排除方法;

h) 电气系统的欠压、过载和短路保护功能的说明;

i) 维护保养与储存要求;

j) 安装方法,能指导用户的正确安装文字说明,必要时应有示意图;

k) 制造厂或供应商名称、详细地址及联系方式(电话和/或邮箱等)。

5.7 三包凭证

三包凭证至少应包括以下内容:

a) 产品名称、型号规格、购买日期、出厂编号;

b) 制造商名称、联系地址、电话;

c) 销售者和修理者的名称、联系地址、电话;

d) 三包项目;

e) 三包有效期(包括整机三包有效期,主要部件质量保证期以及易损件和其他零部件质量保证期,其中整机三包有效期和主要部件质量保证期不得少于12个月);

f) 主要部件名称;

g) 销售记录(包括销售者、销售地点、销售日期、购机发票号码);

h) 修理记录(包括送修时间、交货时间、送修故障、修理情况、退换货证明);

i) 不承担三包责任的情况说明。

5.8 铭牌

5.8.1 在产品醒目的位置应有永久性铭牌,其规格应符合 GB/T 13306 的规定。

5.8.2 铭牌应至少包括以下内容:

a) 产品名称及型号;

b) 外形尺寸;

c) 整机质量;

d) 产品执行标准;

e) 生产日期、出厂编号;

f) 制造商名称、地址。

5.9 电池续航能力

电池充满电后,连续作业时间应不小于 2h。

6 检测方法

6.1 性能试验

6.1.1 试验地调查

按照 GB/T 5262 中的规定测定地面土壤绝对含水率、土壤坚实度。

6.1.2 主要性能检测

6.1.2.1 割茬高度

测 3 个行程,每 1 行程等间隔测 2 次。在全割幅内沿割幅方向,均匀选取 20 株并测量其割茬高度,计算平均值。

6.1.2.2 单位面积蔬菜产量

在试验地随机选取 5 个点,每点在全幅宽边长 0.5 m 的方框内,按当地农艺要求的割茬高度,人工收割后称重取平均值,并换算为单位面积的蔬菜产量 G_y。

6.1.2.3 割台损失率

测 3 个行程,每 1 行程等间隔测 2 次,每次沿机组前进方向测 0.5 m 长(割幅小于 1 m 的测 1 m 长),在全割幅内收取割台损失的蔬菜质量,换算成单位面积割台损失量。按式(1)计算割台损失率。

$$S_g = \frac{Z_g}{G_y} \times 100 \quad\cdots\cdots\cdots\cdots\cdots\cdots\cdots\cdots\cdots\cdots\cdots\cdots\cdots \quad (1)$$

式中:

S_g——割台损失率,单位为百分号(%);

Z_g——单位面积割台损失量,单位为克每平方米(g/m²);

G_y——单位面积蔬菜产量,单位为克每平方米(g/m²)。

6.1.2.4 漏割损失率

测 3 个行程,每 1 行程等间隔测 2 次,每次沿机组前进方向测 0.5 m 长(割幅小于 1 m 的测 1 m 长),在全割幅内收取漏割损失的蔬菜质量,换算成单位面积漏割损失量。按式(2)计算漏割损失率。

$$S_L = \frac{G_L}{G_y} \times 100 \quad\cdots\cdots\cdots\cdots\cdots\cdots\cdots\cdots\cdots\cdots\cdots\cdots\cdots \quad (2)$$

式中:

S_L——漏割损失率,单位为百分号(%);

G_L——单位面积漏割损失量,单位为克每平方米(g/m²)。

6.1.2.5 净菜率

测 3 个行程,每 1 行程随机取 2 次,每次在全割幅内接取沿机组前进方向测 0.5 m 长(割幅小于 1 m 的测 1 m 长)内收获物的质量,换算成各行程单位面积收获物总质量的平均值,同时捡取收获物中杂质(泥土、小石块、不可食部分等)的质量,换算成各行程单位面积杂质质量的平均值,按式(3)计算净菜率。

$$J_C = \frac{G - G_Z}{G} \times 100 \quad\cdots\cdots\cdots\cdots\cdots\cdots\cdots\cdots\cdots\cdots\cdots \quad (3)$$

式中:

J_C——净菜率,单位为百分号(%);

G_Z——各行程单位面积杂质质量的平均值,单位为克(g);

G——各行程单位面积收获物总质量的平均值,单位为克(g)。

6.1.2.6 损伤率

在测定净菜率的同时,捡取出收获物中的损伤蔬菜质量,换算成单位面积损伤量,按式(4)计算损伤率。

$$S_S = \frac{G_S}{G - G_S} \times 100 \quad\cdots\cdots\cdots\cdots\cdots\cdots\cdots\cdots\cdots\cdots \quad (4)$$

式中:

S_S——损伤率,单位为百分号(%);

G_S——各行程单位面积损伤量的平均值,单位为克每平方米(g/m²)。

6.1.2.7 纯工作小时生产率

测量 3 个行程,单次行程作业面积不小于 20 m²,测量总作业面积与总作业时间,按式(5)计算纯工作小时生产率。

$$E_c = \frac{\sum Q_{cb}}{\sum T_c} \quad\cdots\cdots\cdots\cdots\cdots\cdots\cdots\cdots\cdots\cdots\cdots\cdots \quad (5)$$

式中:

E_c——纯工作小时生产率,单位为公顷每小时(hm²/h);

Q_{cb}——总作业面积,单位为公顷(hm²);

T_c——总作业时间,单位为小时(h)。

6.1.2.8 耳位噪声

收获机正常作业时,用声级计的"A"计权网络进行测量,将声级计传声器安放在驾驶员的头盔架上,并使传声器朝前,与眼眉等高,距头盔架中心平面 250 mm±20 mm 的耳旁处。试验时,要求收获机按常用作业速度行走,待其稳定后,进行 3 次测量,每次测量间隔不小于 5 s,取算术平均值作为测试结果。

6.2 安全要求
按照本标准 5.2 的规定逐项测检查。

6.3 装配与外观质量
按照本标准 5.3 的规定逐项测检查。

6.4 操作方便性
通过实际操作,观察收获机是否符合本标准 5.4 的要求。

6.5 使用有效度
按照 GB/T 5667 的有关规定开展可靠性考核,考核期间样机进行累计不少于 18 h 的作业。按式(6)计算使用有效度。

$$K_{18h} = \frac{T_z}{T_g + T_z} \times 100 \quad \cdots\cdots\cdots\cdots\cdots\cdots\cdots\cdots\cdots\cdots\cdots\cdots\cdots\cdots\cdots (6)$$

式中:

K_{18h}——使用有效度,单位为百分号(%);

T_z ——累计作业时间,单位为小时(h);

T_g ——累计故障时间,单位为小时(h)。

6.6 使用说明书
审查使用说明书是否符合本标准 5.6 的规定。

6.7 三包凭证
审查产品三包凭证是否符合本标准 5.7 的规定。

6.8 铭牌
用目测法检查。

6.9 电池续航能力
测定电池充满电后持续作业时间,共测 3 次,取平均值。

7 检验规则

7.1 检验项目及不合格分类
检验项目按其对产品质量影响的程度分为 A、B 两类。不合格项目分类见表 4。

表 4　检验项目及不合格分类

不合格项目分类		检验项目	对应质量要求的条款
类别	序号		
A	1	安全要求	6.2
	2	耳位噪声	6.1.2.8
	3	割茬高度	6.1.2.1
	4	割台损失率	6.1.2.3
	5	漏割损失率	6.1.2.4
B	1	净菜率	6.1.2.5
	2	损伤率	6.1.2.6
	3	纯工作小时生产率	6.1.2.7
	4	电池续航能力	6.9
	5	铭牌	6.8
	6	装配和外观质量	6.3
	7	操作方便性	6.4
	8	使用说明书	6.6
	9	三包凭证	6.7
	10	使用有效度	6.5

7.2 抽样方案

7.2.1 抽样方案按照 GB/T 2828.11—2008 附录 B 中表 B.1 的要求制订。抽样方案见表 5。

表 5 抽样方案

检验水平	O
声称质量水平(DQL)	1
检查总体(N)	10
样本量(n)	1
不合格品限定数(L)	0

7.2.2 采用随机抽样,在生产企业近 12 个月内生产且自检合格的产品中随机抽取 1 台样机。收获机抽样基数应不少于 10 台,在用户和销售部门抽样时不受此限。

7.3 判定规则

7.3.1 样品合格判定

对样机中 A、B 各类检验项目逐项检验和判定,当 A 类不合格项目数为 0(即 A=0)、B 类不合格项目数不大于 1(即 B≤1),判定样机为合格品,否则判定样机为不合格品。

7.3.2 综合判定

若样机为合格品(即样本的不合格数不大于不合格品数限定数),则判通过;若样机为不合格品(即样本的不合格数大于不合格品限定数),则判定不通过。

附　录　A
（规范性附录）
产品规格确认表

产品规格确认见表 A.1。

表 A.1　产品规格确认

序号	项目	单位	设计值	备注
1	规格型号	/		
2	外形尺寸(长×宽×高)	mm		
3	收割方式	/		
4	割幅	m		
5	割台调节范围	m		
6	整机质量	kg		
7	最小离地间隙	mm		
8	变速挡位	/		
9	电瓶容量	Ah		
10	电瓶电压	V		

ICS 65.060.99
B 90

中华人民共和国农业行业标准

NY/T 3807—2020

香蕉茎杆破片机 质量评价技术规范

Technical specification for quality evaluation of
banana stem fragmentation machine

2020-11-12 发布　　　　　　　　　　　　　2021-04-01 实施

中华人民共和国农业农村部 发布

前　言

本标准按照 GB/T 1.1—2009 给出的规则编制。

请注意本文件的某些内容可能涉及专利。本文件的发布机构不承担识别这些专利的责任。

本标准由中华人民共和国农业农村部提出。

本标准由农业农村部热带作物及制品标准化技术委员会归口。

本标准起草单位:中国热带农业科学院农业机械研究所、湛江市凯翔科技有限公司。

本标准主要起草人:欧忠庆、庄志凯、张园、刘智强、董学虎。

香蕉茎杆破片机　质量评价技术规范

1　范围

本标准规定了香蕉茎杆破片机质量评价的基本要求、试验条件、质量要求、检测方法和检验规则。

本标准适用于香蕉茎杆破片机的质量评定。

2　规范性引用文件

下列文件对于本文件的应用是必不可少的。凡是注日期的引用文件,仅注日期的版本适用于本文件。凡是不注日期的引用文件,其最新版本(包括所有的修改单)适用于本文件。

GB/T 1184　形状和位置公差　未注公差值

GB/T 1958　产品几何技术规范(GPS)几何公差　检测与验证

GB/T 2828.11—2008　计数抽样检验程序　第11部分:小总体声称质量水平的评定程序

GB/T 3280　不锈钢冷轧钢板和钢带

GB/T 8196　机械设备防护罩安全要求

GB/T 9480　农林拖拉机和机械、草坪和园艺动力机械　使用说明书编写规则

GB/T 13306　标牌

JB/T 9832.2　农林拖拉机及机具漆膜附着性能测定方法　压切法

3　基本要求

3.1　文件资料

质量评价所需提供的文件资料应包括:

a)　产品合格证;

b)　产品标准或产品制造验收技术文件;

c)　产品使用说明书;

d)　产品三包凭证;

e)　产品照片4张(正前方、正后方、左前方45°和右前方45°各1张)。

3.2　主要技术参数核对

按3.1提供的文件资料,对产品的主要技术参数按表1的规定进行核对或测量。

表 1　产品主要技术参数确认表

序号	项目		方法
1	规格型号		核对
2	外形尺寸(长、宽、高)		测量
3	整机质量		测量
4	推进装置行程		测量
5	推进装置移动速度		测量
6	配套动力	型号	核对
		额定功率	核对
		额定转速	核对

4 试验条件

4.1 切割刀安装位置应符合使用说明书的要求。

4.2 香蕉茎杆原料应不存在腐烂现象,割除叶片和枯叶,切成段状,其尾端端面应与其轴心线垂直,长度 L 应为 500 mm～1 800 mm。

4.3 试验场地应防雨、通风和透气,地面应平整、坚实。

4.4 试验电压为380 V,电压波动范围为±5%。

5 质量要求

5.1 主要性能

产品主要性能参数要求应符合表2的规定。

表 2 产品主要性能参数要求

序号	项目	性能指标	方法
1	生产率,kg/h	≥7 000	6.1.1
2	破片端部折断长度,mm	≤100	测量
3	单位耗电量,kW·h/t	≤0.8	6.1.2
4	可用度,%	≥95	6.1.3

5.2 安全性

5.2.1 外露的转动部件应有防护罩,防护罩应符合 GB/T 8196 的规定。

5.2.2 危险位置应设置安全警示标志。

5.2.3 应设置急停开关。

5.2.4 电控设备应有漏电保护、绝缘保护和过载保护装置。

5.3 关键零部件

5.3.1 切割刀应采用力学性能不低于 GB/T 3280 规定的 3Cr13 的材料制造。

5.3.2 主轴轴承位同轴度公差应不低于 GB/T 1184 规定的 8 级精度。

5.4 装配质量

5.4.1 整机应运转灵活、无卡滞和异响。

5.4.2 密封件应无渗漏,紧固件无松动。

5.4.3 竖切割刀应位于 V 型槽对称中心线上。

5.5 外观质量

5.5.1 切割刀和 V 型槽表面不应有损伤及制造缺陷。

5.5.2 漆层应色泽均匀,平整光滑,不应有露底,明显起泡、起皱不多于 3 处。

5.5.3 漆膜附着力应符合 JB/T 9832.2 中 2 级 3 处的要求。

5.5.4 焊缝表面应均匀,不应有裂纹(包括母材)、气孔、漏焊等缺陷。

5.6 使用说明书

使用说明书应按照 GB/T 9480 的规定编写,至少应包括以下内容:

a) 产品名称、特点及主要用途;

b) 安全警示标志并明确其粘贴位置;

c) 安全注意事项;

d) 产品标准及主要技术参数；

e) 整机结构简图及工作原理；

f) 安装、调整和使用方法；

g) 维护和保养说明；

h) 常见故障及排除方法。

5.7 三包凭证

三包凭证至少应包括以下内容：

a) 产品品牌(如有)、型号规格、购买日期、产品编号；

b) 生产厂家名称、地址、电话；

c) 售后服务单位名称、地址、电话；

d) 三包项目及有效期；

e) 销售记录(包括销售单位、销售日期、购机发票号码)；

f) 修理记录(包括送修时间、交货时间、送修故障、修理情况、换退货证明)；

g) 不承担三包责任的情况说明。

5.8 铭牌

5.8.1 在产品醒目的位置应有永久性铭牌,其规格应符合 GB/T 13306 的规定。

5.8.2 铭牌应至少包括以下内容：

a) 产品名称及型号；

b) 配套动力及主要参数；

c) 整机外形尺寸；

d) 整机质量；

e) 产品执行标准；

f) 出厂编号、日期；

g) 生产厂家名称、地址。

6 检测方法

6.1 性能试验

6.1.1 生产率

在额定转速及额定负载条件下,测定 3 次班次小时生产率,每次不小于 1h,取 3 次测定的算术平均值,结果精确到"1 kg/h"。班次时间包括纯工作时间、工艺时间和故障时间。

$$E = \frac{V}{T} \quad \cdots\cdots\cdots\cdots\cdots\cdots\cdots\cdots\cdots\cdots\cdots (1)$$

式中：

E ——班次小时生产率,单位为千克每小时(kg/h)；

V ——测定期间班次生产量,单位为千克(kg)；

T ——测定期间班次时间,单位为小时(h)。

6.1.2 单位耗电量

在测定生产率的同时测定,加工量不少于 1 t 香蕉茎秆。测定 3 次,按式(2)计算,取算术平均值。

$$W = 1000 \times \frac{P}{Q} \quad \cdots\cdots\cdots\cdots\cdots\cdots\cdots\cdots\cdots (2)$$

式中：

W ——单位耗电量,单位为千瓦时每吨(kW·h/t)；

P ——测定期间用电量,单位为千瓦时(kW·h)；

Q ——加工香蕉茎秆的质量,单位为千克(kg)。

6.1.3 可用度

考核期间对样机进行连续 3 个班次的测定,每个班次作业时间不少于 6 h,并按式(3)计算:

$$K = \frac{\sum T_z}{\sum T_z + \sum T_g} \times 100 \quad \cdots\cdots\cdots\cdots\cdots\cdots\cdots (3)$$

式中:

K ——可用度,单位为百分号(%);

T_z ——生产考核期间班次工作时间,单位为小时(h);

T_g ——生产考核期间班次的不能工作时间,单位为小时(h)。

6.2 安全要求

按 5.2 的规定逐项检查。

6.3 同轴度

按 GB/T 1958 规定的方法测定。

6.4 漆膜附着力

按 JB/T 9832.2 规定的方法测定。

6.5 使用说明书

审查使用说明书是否符合 5.6 的规定;所有项目合格,则该项合格。

6.6 三包凭证

审查产品三包凭证是否符合 5.7 的规定;所有项目合格,则该项合格。

6.7 铭牌

检查铭牌是否符合 5.8 的规定;所有项目合格,则该项合格。

7 检验规则

7.1 检验项目及不合格分类判定规则

检验项目按其对产品质量影响的程度分为 A、B、C 3 类。检验项目、不合格分类见表 3。

表 3 检验项目及不合格分类表

不合格分类		检验项目	对应的质量要求的条款号
类别	序号		
A	1	生产率	表 2
	2	破片端部折断长度	表 2
	3	安全要求	5.2
B	1	关键零部件	5.3
	2	可用度	表 2
	3	单位耗电量	表 2
	4	工作平稳性及异响	5.4.1
C	1	外观质量	5.5
	2	使用说明书	5.6
	3	三包凭证	5.7
	4	铭牌	5.8

7.2 抽样方案

7.2.1 抽样方案按照 GB/T 2828.11—2008 附录 B 中表 B.1 的要求制定,见表 4。

表 4　抽样方案

检验水平	O
声称质量水平(DQL)	1
核查总体(N)	10
样本量(n)	1
不合格品限定数(L)	0

7.2.2　采用随机抽样方法,在生产企业 12 个月内生产且自检合格的产品中随机抽取,抽样检查批量应不少于 10 台,样本大小为 1 台。在销售部门抽样时,不受上述限制。

7.3　评定规则

对样本中 A、B、C 各类检验项目逐项考核和判定,当 A 类不合格项目数为 0,B 类不合格项目数不超过 1,C 类不合格项目数不超过 2,则判定样品为合格产品;否则判定样品为不合格产品。若样品为合格产品,则判核查通过;若样品为不合格产品,则判核查不通过。

附录

中华人民共和国农业农村部公告
第 281 号

《小麦孢囊线虫鉴定和监测技术规程》等 95 项标准业经专家审定通过,现批准发布为中华人民共和国农业行业标准,自 2020 年 7 月 1 日起实施。

特此公告。

附件:《小麦孢囊线虫鉴定和监测技术规程》等 95 项农业行业标准目录

农业农村部
2020 年 3 月 20 日

附件:

《小麦孢囊线虫鉴定和监测技术规程》等 95 项农业行业标准目录

序号	标准号	标准名称	代替标准号
1	NY/T 3533—2020	小麦孢囊线虫鉴定和监测技术规程	
2	NY/T 3534—2020	棉花抗旱性鉴定技术规程	
3	NY/T 3535—2020	棉花耐盐性鉴定技术规程	
4	NY/T 3536—2020	甘薯主要病虫害综合防控技术规程	
5	NY/T 3537—2020	甘薯脱毒种薯(苗)生产技术规程	
6	NY/T 3538—2020	老茶园改造技术规范	
7	NY/T 3539—2020	叶螨抗药性监测技术规程	
8	NY/T 3540—2020	油菜种子产地检疫规程	
9	NY/T 3541—2020	红火蚁专业化防控技术规程	
10	NY/T 3542.1—2020	释放赤眼蜂防治害虫技术规程　第 1 部分:水稻田	
11	NY/T 3543—2020	小麦田看麦娘属杂草抗药性监测技术规程	
12	NY/T 3544—2020	烟粉虱测报技术规范　露地蔬菜	
13	NY/T 3545—2020	棉蓟马测报技术规范	
14	NY/T 3546—2020	玉米大斑病测报技术规范	
15	NY/T 3547—2020	玉米田棉铃虫测报技术规范	
16	NY/T 3548—2020	水果中黄酮醇的测定　液相色谱-质谱联用法	
17	NY/T 3549—2020	柑橘大实蝇防控技术规程	
18	NY/T 3550—2020	浆果类水果良好农业规范	
19	NY/T 3551—2020	蝗虫孳生区数字化勘测技术规范	
20	NY/T 3552—2020	大量元素水溶肥料田间试验技术规范	
21	NY/T 3553—2020	华北平原冬小麦微喷带水肥一体化技术规程	
22	NY/T 3554—2020	春玉米滴灌水肥一体化技术规程	
23	NY/T 3555—2020	番茄溃疡病综合防控技术规程	
24	NY/T 3556—2020	粮谷中硒代半胱氨酸和硒代蛋氨酸的测定　液相色谱-电感耦合等离子体质谱法	
25	NY/T 3557—2020	畜禽中农药代谢试验准则	
26	NY/T 3558—2020	畜禽中农药残留试验准则	
27	NY/T 3559—2020	小麦孢囊线虫综合防控技术规程	
28	NY/T 3560—2020	茶树菇生产技术规程	
29	NY/T 3561—2020	东北春玉米秸秆深翻还田技术规程	
30	NY/T 523—2020	专用籽粒玉米和鲜食玉米	NY/T 524—2002、NY/T 521—2002、NY/T 597—2002、NY/T 523—2002、NY/T 520—2002、NY/T 522—2002、NY/T 690—2003

附 录

(续)

序号	标准号	标准名称	代替标准号
31	NY/T 3562—2020	藤茶生产技术规程	
32	NY/T 3563.1—2020	老果园改造技术规范 第1部分:苹果	
33	NY/T 3563.2—2020	老果园改造技术规范 第2部分:柑橘	
34	NY/T 3564—2020	水稻稻曲病菌毒素的测定 液相色谱-质谱法	
35	NY/T 3565—2020	植物源食品中有机锡残留量的检测方法 气相色谱-质谱法	
36	NY/T 3566—2020	粮食作物中脂肪酸含量的测定 气相色谱法	
37	NY/T 3567—2020	棉花耐渍涝性鉴定技术规程	
38	NY/T 3568—2020	小麦品种抗禾谷孢囊线虫鉴定技术规程	
39	NY/T 3569—2020	山药、芋头储藏保鲜技术规程	
40	NY/T 3570—2020	多年生蔬菜储藏保鲜技术规程	
41	NY/T 3263.2—2020	主要农作物蜜蜂授粉及病虫害综合防控技术规程 第2部分:大田果树(苹果、樱桃、梨、柑橘)	
42	NY/T 3263.3—2020	主要农作物蜜蜂授粉及病虫害综合防控技术规程 第3部分:油料作物(油菜、向日葵)	
43	NY/T 3571—2020	芦笋茎枯病抗性鉴定技术规程	
44	NY/T 3572—2020	右旋苯醚菊酯原药	
45	NY/T 3573—2020	棉隆原药	
46	NY/T 3574—2020	肟菌酯原药	
47	NY/T 3575—2020	肟菌酯悬浮剂	
48	NY/T 3576—2020	丙草胺原药	
49	NY/T 3577—2020	丙草胺乳油	
50	NY/T 3578—2020	除虫脲原药	
51	NY/T 3579—2020	除虫脲可湿性粉剂	
52	NY/T 3580—2020	砜嘧磺隆原药	
53	NY/T 3581—2020	砜嘧磺隆水分散粒剂	
54	NY/T 3582—2020	呋虫胺原药	
55	NY/T 3583—2020	呋虫胺悬浮剂	
56	NY/T 3584—2020	呋虫胺水分散粒剂	
57	NY/T 3585—2020	氟啶胺原药	
58	NY/T 3586—2020	氟啶胺悬浮剂	
59	NY/T 3587—2020	咯菌腈原药	
60	NY/T 3588—2020	咯菌腈种子处理悬浮剂	
61	NY/T 3589—2020	颗粒状药肥技术规范	
62	NY/T 3590—2020	棉隆颗粒剂	
63	NY/T 3591—2020	五氟磺草胺原药	
64	NY/T 3592—2020	五氟磺草胺可分散油悬浮剂	
65	NY/T 3593—2020	苄嘧磺隆·二氯喹啉酸可湿性粉剂	HG/T 3886—2006
66	NY/T 3594—2020	精喹禾灵原药	HG/T 3761—2004
67	NY/T 3595—2020	精喹禾灵乳油	HG/T 3762—2004

（续）

序号	标准号	标准名称	代替标准号
68	NY/T 3596—2020	硫磺悬浮剂	HG/T 2316—1992
69	NY/T 3597—2020	三乙膦酸铝原药	HG/T 3296—2001
70	NY/T 3598—2020	三乙膦酸铝可湿性粉剂	HG/T 3297—2001
71	NY/T 3599.1—2020	从养殖到屠宰全链条兽医卫生追溯监管体系建设技术规范　第1部分:代码规范	
72	NY/T 3599.2—2020	从养殖到屠宰全链条兽医卫生追溯监管体系建设技术规范　第2部分:数据字典	
73	NY/T 3599.3—2020	从养殖到屠宰全链条兽医卫生追溯监管体系建设技术规范　第3部分:数据集模型	
74	NY/T 3599.4—2020	从养殖到屠宰全链条兽医卫生追溯监管体系建设技术规范　第4部分:数据交换格式	
75	NY/T 3365—2020	畜禽屠宰加工设备　猪胴体输送轨道	NY/T 3365—2018 (SB/T 10495—2008)
76	NY/T 3600—2020	环氧化天然橡胶	
77	NY/T 3601—2020	火龙果等级规格	
78	NY/T 3602—2020	澳洲坚果质量控制技术规程	
79	NY/T 3603—2020	热带作物病虫害防治技术规程　咖啡黑枝小蠹	
80	NY/T 3604—2020	辣木叶粉	
81	NY/T 3605—2020	剑麻纤维制品　水溶酸和盐含量的测定	
82	NY/T 3606—2020	地理标志农产品品质鉴定与质量控制技术规范　谷物类	
83	NY/T 3607—2020	农产品中生氰糖苷的测定　液相色谱-串联质谱法	
84	NY/T 3608—2020	畜禽骨胶原蛋白含量测定方法　分光光度法	
85	NY/T 3609—2020	食用血粉	
86	NY/T 3610—2020	干红辣椒质量分级	
87	NY/T 3611—2020	甘薯全粉	
88	NY/T 3612—2020	序批式厌氧干发酵沼气工程设计规范	
89	NY/T 3613—2020	农业外来入侵物种监测评估中心建设规范	
90	NY/T 3614—2020	能源化利用秸秆收储站建设规范	
91	NY/T 3615—2020	种蜂场建设规范	
92	NY/T 3616—2020	水产养殖场建设规范	
93	NY/T 3617—2020	牧区牲畜暖棚建设规范	
94	NY/T 3618—2020	生物炭基有机肥料	
95	NY/T 3619—2020	设施蔬菜根结线虫病防治技术规程	

中华人民共和国农业农村部公告
第 282 号

《饲料中炔雌醇等 8 种雌激素类药物的测定　液相色谱-串联质谱法》等 2 项标准业经专家审定通过，现批准发布为中华人民共和国国家标准，自 2020 年 7 月 1 日起实施。

特此公告。

附件:《饲料中炔雌醇等 8 种雌激素类药物的测定　液相色谱-串联质谱法》等 2 项国家标准目录

农业农村部

2020 年 3 月 20 日

附件：

《饲料中炔雌醇等 8 种雌激素类药物的测定　液相色谱-串联质谱法》等 2 项国家标准目录

序号	标准号	标准名称	代替标准号
1	农业农村部公告第 282 号—1—2020	饲料中炔雌醇等 8 种雌激素类药物的测定　液相色谱-串联质谱法	
2	农业农村部公告第 282 号—2—2020	饲料中土霉素、四环素、金霉素、多西环素的测定	

附　录

中华人民共和国农业农村部公告
第 316 号

《饲料中甲丙氨酯的测定　液相色谱-串联质谱法》等 8 项标准业经专家审定通过,现批准发布为中华人民共和国国家标准,自 2020 年 11 月 1 日起实施。

特此公告。

附件:《饲料中甲丙氨酯的测定　液相色谱-串联质谱法》等 8 项国家标准目录

农业农村部

2020 年 7 月 17 日

附件：

《饲料中甲丙氨酯的测定　液相色谱-串联质谱法》等8项国家标准目录

序号	标准号	标准名称	代替标准号
1	农业农村部公告第316号—1—2020	饲料中甲丙氨酯的测定　液相色谱-串联质谱法	
2	农业农村部公告第316号—2—2020	饲料中盐酸氯苯胍的测定　高效液相色谱法	NY/T 910—2004
3	农业农村部公告第316号—3—2020	饲料中泰妙菌素的测定　高效液相色谱法	
4	农业农村部公告第316号—4—2020	饲料中克百威、杀虫脒和双甲脒的测定　液相色谱-串联质谱法	
5	农业农村部公告第316号—5—2020	饲料中17种头孢菌素类药物的测定　液相色谱-串联质谱法	
6	农业农村部公告第316号—6—2020	饲料中乙氧酰胺苯甲酯的测定　高效液相色谱法	
7	农业农村部公告第316号—7—2020	饲料中赛地卡霉素的测定　液相色谱-串联质谱法	
8	农业农村部公告第316号—8—2020	饲料中他唑巴坦的测定　液相色谱-串联质谱法	

中华人民共和国农业农村部公告
第 319 号

　　《绿色食品　农药使用准则》等 75 项标准业经专家审定通过,现批准发布为中华人民共和国农业行业标准,自 2020 年 11 月 1 日起实施。
　　特此公告。

　　附件:《绿色食品　农药使用准则》等 75 项农业行业标准目录

农业农村部

2020 年 7 月 27 日

附件：

《绿色食品　农药使用准则》等75项农业行业标准目录

序号	标准号	标准名称	代替标准号
1	NY/T 393—2020	绿色食品　农药使用准则	NY/T 393—2013
2	NY/T 3620—2020	农业用硫酸钾镁及使用规程	
3	NY/T 3621—2020	油菜根肿病抗性鉴定技术规程	
4	NY/T 3622—2020	马铃薯抗马铃薯Y病毒病鉴定技术规程	
5	NY/T 3623—2020	马铃薯抗南方根结线虫病鉴定技术规程	
6	NY/T 3624—2020	水稻穗腐病抗性鉴定技术规程	
7	NY/T 3625—2020	稻曲病抗性鉴定技术规程	
8	NY/T 3626—2020	西瓜抗枯萎病鉴定技术规程	
9	NY/T 3627—2020	香菇菌棒集约化生产技术规程	
10	NY/T 3628—2020	设施葡萄栽培技术规程	
11	NY/T 3629—2020	马铃薯黑胫病和软腐病菌PCR检测方法	
12	NY/T 3630.1—2020	农药利用率田间测定方法　第1部分:大田作物茎叶喷雾的农药沉积利用率测定方法　诱惑红指示剂法	
13	NY/T 3631—2020	茶叶中可可碱和茶碱含量的测定　高效液相色谱法	
14	NY/T 3632—2020	油菜农机农艺结合生产技术规程	
15	NY/T 3633—2020	双低油菜轻简化高效生产技术规程	
16	NY/T 3634—2020	春播玉米机收籽粒生产技术规程	
17	NY/T 2268—2020	农业用改性硝酸铵及使用规程	NY 2268—2012
18	NY/T 2269—2020	农业用硝酸铵钙及使用规程	NY 2269—2012
19	NY/T 2670—2020	尿素硝酸铵溶液及使用规程	NY 2670—2015
20	NY/T 1202—2020	豆类蔬菜储藏保鲜技术规程	NY/T 1202—2006
21	NY/T 1203—2020	茄果类蔬菜储藏保鲜技术规程	NY/T 1203—2006
22	NY/T 1107—2020	大量元素水溶肥料	NY 1107—2010
23	NY/T 3635—2020	释放捕食螨防治害虫(螨)技术规程　设施蔬菜	
24	NY/T 3636—2020	腐烂茎线虫疫情监测与防控技术规程	
25	NY/T 3637—2020	蔬菜蓟马类害虫综合防治技术规程	
26	NY/T 3638—2020	直播油菜生产技术规程	
27	NY/T 3639—2020	中华猕猴桃品种鉴定　SSR分子标记法	
28	NY/T 3640—2020	葡萄品种鉴定　SSR分子标记法	
29	NY/T 3641—2020	欧洲甜樱桃品种鉴定　SSR分子标记法	
30	NY/T 3642—2020	桃品种鉴定　SSR分子标记法	
31	NY/T 3643—2020	晋汾白猪	
32	NY/T 3644—2020	苏淮猪	
33	NY/T 3645—2020	黄羽肉鸡营养需要量	
34	NY/T 3646—2020	奶牛性控冻精人工授精技术规范	
35	NY/T 3647—2020	草食家畜羊单位换算	
36	NY/T 3648—2020	草地植被健康监测评价方法	

附　录

（续）

序号	标准号	标准名称	代替标准号
37	NY/T 823—2020	家禽生产性能名词术语和度量计算方法	NY/T 823—2004
38	NY/T 1170—2020	苜蓿干草捆	NY/T 1170—2006
39	NY/T 3649—2020	莆田黑鸭	
40	NY/T 3650—2020	苏尼特羊	
41	NY/T 3651—2020	肉鸽生产性能测定技术规范	
42	NY/T 3652—2020	种猪个体记录	NY/T 2—1982
43	NY/T 3653—2020	通城猪	
44	NY/T 3654—2020	鲟鱼配合饲料	
45	NY/T 3655—2020	饲料中N-羟甲基蛋氨酸钙的测定	
46	NY/T 3656—2020	饲料原料　葡萄糖胺盐酸盐	
47	SC/T 1149—2020	大水面增养殖容量计算方法	
48	SC/T 6103—2020	渔业船舶船载天通卫星终端技术规范	
49	SC/T 2031—2020	大菱鲆配合饲料	SC/T 2031—2004
50	NY/T 1144—2020	畜禽粪便干燥机　质量评价技术规范	NY/T 1144—2006
51	NY/T 1004—2020	秸秆粉碎还田机　质量评价技术规范	NY/T 1004—2006
52	NY/T 1875—2020	联合收获机报废技术条件	NY/T 1875—2010
53	NY/T 363—2020	种子除芒机　质量评价技术规范	NY/T 363—1999
54	NY/T 366—2020	种子分级机　质量评价技术规范	NY/T 366—1999
55	NY/T 375—2020	种子包衣机　质量评价技术规范	NY/T 375—1999
56	NY/T 989—2020	水稻栽植机械　作业质量	NY/T 989—2006
57	NY/T 738—2020	大豆联合收割机　作业质量	NY/T 738—2003
58	NY/T 991—2020	牧草收获机械　作业质量	NY/T 991—2006
59	NY/T 507—2020	耙浆平地机　质量评价技术规范	NY/T 507—2002
60	NY/T 3657—2020	温室植物补光灯　质量评价技术规范	
61	NY/T 3658—2020	水稻全程机械化生产技术规范	
62	NY/T 3659—2020	黄河流域棉区棉花全程机械化生产技术规范	
63	NY/T 3660—2020	花生播种机　作业质量	
64	NY/T 3661—2020	花生全程机械化生产技术规范	
65	NY/T 3662—2020	大豆全程机械化生产技术规范	
66	NY/T 3663—2020	水稻种子催芽机　质量评价技术规范	
67	NY/T 3664—2020	手扶式茎叶类蔬菜收获机　质量评价技术规范	
68	NY/T 3665—2020	农业环境损害鉴定调查技术规范	
69	NY/T 3666—2020	农业化学品包装物田间收集池建设技术规范	
70	NY/T 3667—2020	生态农场评价技术规范	
71	NY/T 3668—2020	替代控制外来入侵植物技术规范	
72	NY/T 3669—2020	外来草本植物安全性评估技术规范	
73	NY/T 3670—2020	密集养殖区畜禽粪便收集站建设技术规范	
74	NY/T 3671—2020	设施菜地敞棚休闲期硝酸盐污染防控技术规范	
75	NY/T 3672—2020	生物炭检测方法通则	

中华人民共和国农业农村部公告
第 323 号

　　《转基因植物及其产品成分检测　番木瓜内标准基因定性 PCR 方法》等 29 项标准业经专家审定通过，现批准发布为中华人民共和国国家标准，自 2020 年 11 月 1 日起实施。
　　特此公告。

　　附件：《转基因植物及其产品成分检测　番木瓜内标准基因定性 PCR 方法》等 29 项国家标准目录

农业农村部
2020 年 8 月 4 日

附件：

《转基因植物及其产品成分检测　番木瓜内标准基因定性 PCR 方法》等 29 项国家标准目录

序号	标准号	标准名称	代替标准号
1	农业农村部公告第 323 号—1—2020	转基因植物及其产品成分检测　番木瓜内标准基因定性 PCR 方法	
2	农业农村部公告第 323 号—2—2020	转基因植物及其产品成分检测　耐除草剂油菜 MS8×RF3 及其衍生品种定性 PCR 方法	农业部 869 号公告—5—2007
3	农业农村部公告第 323 号—3—2020	转基因植物及其产品成分检测　耐除草剂玉米 CC-2 及其衍生品种定性 PCR 方法	
4	农业农村部公告第 323 号—4—2020	转基因植物及其产品成分检测　耐除草剂棉花 MON88701 及其衍生品种定性 PCR 方法	
5	农业农村部公告第 323 号—5—2020	转基因植物及其产品成分检测　抗虫大豆 MON87751 及其衍生品种定性 PCR 方法	
6	农业农村部公告第 323 号—6—2020	转基因植物及其产品成分检测　油菜标准物质原材料繁殖与鉴定技术规范	
7	农业农村部公告第 323 号—7—2020	转基因植物及其产品成分检测　大豆标准物质原材料繁殖与鉴定技术规范	
8	农业农村部公告第 323 号—8—2020	转基因植物及其产品成分检测　质粒 DNA 标准物质制备技术规范	
9	农业农村部公告第 323 号—9—2020	转基因植物及其产品成分检测　环介导等温扩增方法制定指南	
10	农业农村部公告第 323 号—10—2020	转基因植物及其产品成分检测　耐除草剂大豆 GTS40-3-2 及其衍生品种定量 PCR 方法	
11	农业农村部公告第 323 号—11—2020	转基因植物及其产品成分检测　品质改良苜蓿 KK179 及其衍生品种定性 PCR 方法	
12	农业农村部公告第 323 号—12—2020	转基因植物及其产品成分检测　耐除草剂玉米 G1105E-823C 及其衍生品种定性 PCR 方法	
13	农业农村部公告第 323 号—13—2020	转基因植物及其产品成分检测　cry1A 基因定性 PCR 方法	
14	农业农村部公告第 323 号—14—2020	转基因植物及其产品成分检测　耐除草剂玉米 C0010.1.3 及其衍生品种定性 PCR 方法	
15	农业农村部公告第 323 号—15—2020	转基因植物及其产品成分检测　耐除草剂玉米 C0010.3.1 及其衍生品种定性 PCR 方法	
16	农业农村部公告第 323 号—16—2020	转基因植物及其产品成分检测　抗虫耐除草剂玉米 GH5112E-117C 及其衍生品种定性 PCR 方法	
17	农业农村部公告第 323 号—17—2020	转基因植物及其产品成分检测　抗虫耐除草剂玉米 C0030.2.4 及其衍生品种定性 PCR 方法	
18	农业农村部公告第 323 号—18—2020	转基因植物及其产品成分检测　抗虫耐除草剂玉米 C0030.2.5 及其衍生品种定性 PCR 方法	
19	农业农村部公告第 323 号—19—2020	转基因植物及其产品成分检测　抗环斑病毒番木瓜 YK16-0-1 及其衍生品种定性 PCR 方法	
20	农业农村部公告第 323 号—20—2020	转基因植物及其产品成分检测　耐除草剂大豆 ZH10-6 及其衍生品种定性 PCR 方法	
21	农业农村部公告第 323 号—21—2020	转基因植物及其产品成分检测　数字 PCR 方法制定指南	
22	农业农村部公告第 323 号—22—2020	转基因植物及其产品成分检测　水稻标准物质原材料繁殖与鉴定技术规范	
23	农业农村部公告第 323 号—23—2020	转基因动物试验安全控制措施　第 1 部分:畜禽	

（续）

序号	标准号	标准名称	代替标准号
24	农业农村部公告第 323 号—24—2020	转基因生物良好实验室操作规范　第 3 部分:食用安全检测	
25	农业农村部公告第 323 号—25—2020	转基因植物及其产品环境安全检测　耐除草剂苜蓿第 1 部分:除草剂耐受性	
26	农业农村部公告第 323 号—26—2020	转基因生物及其产品食用安全检测　外源蛋白质大鼠 28 d 经口毒性试验	
27	农业农村部公告第 323 号—27—2020	转基因植物及其产品食用安全检测　大鼠 90 d 喂养试验	NY/T 1102—2006
28	农业农村部公告第 323 号—28—2020	转基因生物及其产品食用安全检测　抗营养因子　马铃薯中龙葵碱检测方法　液相色谱质谱法	
29	农业农村部公告第 323 号—29—2020	转基因生物及其产品食用安全检测　抗营养因子　番木瓜中异硫氰酸苄酯和草酸的测定	

中华人民共和国农业农村部公告
第 329 号

　　《植物油料中角鲨烯含量的测定》等 142 项标准业经专家审定通过,现批准发布为中华人民共和国农业行业标准,自 2021 年 1 月 1 日起实施。

　　特此公告。

农业农村部

2020 年 8 月 26 日

附件：

《植物油料中角鲨烯含量的测定》等 142 项农业行业标准目录

序号	标准号	标准名称	代替标准号
1	NY/T 3673—2020	植物油料中角鲨烯含量的测定	
2	NY/T 3674—2020	油菜薹中莱菔硫烷含量的测定 液相色谱串联质谱法	
3	NY/T 3675—2020	红茶中茶红素和茶褐素含量的测定 分光光度法	
4	NY/T 3676—2020	灵芝中总三萜含量的测定 分光光度法	
5	NY/T 3677—2020	家蚕微孢子虫荧光定量 PCR 检测方法	
6	NY/T 3678—2020	土壤田间持水量的测定 围框淹灌仪器法	
7	NY/T 1732—2020	桑蚕品种鉴定方法	NY/T 1732—2009
8	NY/T 3679—2020	高油酸花生筛查技术规程 近红外法	
9	NY/T 3680—2020	西花蓟马抗药性监测技术规程 叶管药膜法	
10	NY/T 3681—2020	大豆麦茬免耕覆秸精量播种技术规程	
11	NY/T 3682—2020	棉花脱叶催熟剂喷施作业技术规程	
12	NY/T 3683—2020	半匍匐型花生栽培技术规程	
13	NY/T 3684—2020	矮砧苹果栽培技术规程	
14	NY/T 3685—2020	水稻稻瘟病抗性田间监测技术规程	
15	NY/T 3686—2020	昆虫性信息素防治技术规程 水稻鳞翅目害虫	
16	NY/T 3687—2020	藜麦栽培技术规程	
17	NY/T 3688—2020	小麦田阔叶杂草抗药性监测技术规程	
18	NY/T 3689—2020	苹果主要叶部病害综合防控技术规程 褐斑病	
19	NY/T 3690—2020	棉花黄萎病防治技术规程	
20	NY/T 3691—2020	粮油作物产品中黄曲霉鉴定技术规程	
21	NY/T 3692—2020	水稻耐盐性鉴定技术规程	
22	NY/T 3693—2020	百合枯萎病抗性鉴定技术规程	
23	NY/T 3694—2020	东北黑土区旱地肥沃耕层构建技术规程	
24	NY/T 3695—2020	长江流域棉花麦(油)后直播种植技术规程	
25	NY/T 3696—2020	设施蔬菜水肥一体化技术规范	
26	NY/T 3697—2020	农用诱虫灯应用技术规范	
27	NY/T 3698—2020	农作物病虫测报观测场建设规范	
28	NY/T 3699—2020	玉米蚜虫测报技术规范	
29	NY/T 3700—2020	棉花黄萎病测报技术规范	
30	NY/T 3701—2020	耕地质量长期定位监测点布设规范	
31	NY/T 3702—2020	耕地质量信息分类与编码	
32	NY/T 3703—2020	柑橘无病毒容器育苗设施建设规范	
33	NY/T 3704—2020	果园有机肥施用技术指南	
34	NY/T 3705—2020	鲜食大豆品种品质	
35	NY/T 3706—2020	百合切花等级规格	
36	NY/T 3707—2020	非洲菊切花等级规格	
37	NY/T 321—2020	月季切花等级规格	NY/T 321—1997
38	NY/T 322—2020	唐菖蒲切花等级规格	NY/T 322—1997
39	NY/T 323—2020	菊花切花等级规格	NY/T 323—1997
40	NY/T 324—2020	满天星切花等级规格	NY/T 324—1997

（续）

序号	标准号	标准名称	代替标准号
41	NY/T 325—2020	香石竹切花等级规格	NY/T 325—1997
42	NY/T 3708—2020	植物品种特异性（可区别性）、一致性和稳定性测试指南 球根鸢尾	
43	NY/T 3709—2020	植物品种特异性（可区别性）、一致性和稳定性测试指南 无髯鸢尾	
44	NY/T 3710—2020	植物品种特异性（可区别性）、一致性和稳定性测试指南 天竺葵属	
45	NY/T 3711—2020	植物品种特异性（可区别性）、一致性和稳定性测试指南 六出花	
46	NY/T 3712—2020	植物品种特异性（可区别性）、一致性和稳定性测试指南 香雪兰属	
47	NY/T 3713—2020	植物品种特异性（可区别性）、一致性和稳定性测试指南 真姬菇	
48	NY/T 3714—2020	植物品种特异性（可区别性）、一致性和稳定性测试指南 蛹虫草	
49	NY/T 3715—2020	植物品种特异性（可区别性）、一致性和稳定性测试指南 长根菇	
50	NY/T 3716—2020	植物品种特异性（可区别性）、一致性和稳定性测试指南 金针菇	
51	NY/T 3717—2020	植物品种特异性（可区别性）、一致性和稳定性测试指南 猴头菌	
52	NY/T 3718—2020	植物品种特异性（可区别性）、一致性和稳定性测试指南 糙皮侧耳	
53	NY/T 3719—2020	植物品种特异性（可区别性）、一致性和稳定性测试指南 果梅	
54	NY/T 3720—2020	植物品种特异性（可区别性）、一致性和稳定性测试指南 牛大力	
55	NY/T 3721—2020	植物品种特异性（可区别性）、一致性和稳定性测试指南 地涌金莲属	
56	NY/T 3722—2020	植物品种特异性（可区别性）、一致性和稳定性测试指南 假俭草	
57	NY/T 3723—2020	植物品种特异性（可区别性）、一致性和稳定性测试指南 姜花属	
58	NY/T 3724—2020	植物品种特异性（可区别性）、一致性和稳定性测试指南 栝楼（瓜蒌）	
59	NY/T 3725—2020	植物品种特异性（可区别性）、一致性和稳定性测试指南 砂仁	
60	NY/T 3726—2020	植物品种特异性（可区别性）、一致性和稳定性测试指南 松果菊属	
61	NY/T 3727—2020	植物品种特异性（可区别性）、一致性和稳定性测试指南 线纹香茶菜	
62	NY/T 3728—2020	植物品种特异性（可区别性）、一致性和稳定性测试指南 淫羊藿属	
63	NY/T 3729—2020	植物品种特异性（可区别性）、一致性和稳定性测试指南 毛木耳	
64	NY/T 3730—2020	植物品种特异性（可区别性）、一致性和稳定性测试指南 莲瓣兰	
65	NY/T 3731—2020	植物品种特异性（可区别性）、一致性和稳定性测试指南 长寿花	
66	NY/T 3732—2020	植物品种特异性（可区别性）、一致性和稳定性测试指南 白鹤芋	

（续）

序号	标准号	标准名称	代替标准号
67	NY/T 3733—2020	植物品种特异性(可区别性)、一致性和稳定性测试指南 香草兰	
68	NY/T 3734—2020	植物品种特异性(可区别性)、一致性和稳定性测试指南 有髯鸢尾	
69	NY/T 3735—2020	植物品种特异性(可区别性)、一致性和稳定性测试指南 芡实	
70	NY/T 3736—2020	植物品种特异性(可区别性)、一致性和稳定性测试指南 美味扇菇	
71	NY/T 3737—2020	植物品种特异性(可区别性)、一致性和稳定性测试指南 榆耳	
72	NY/T 3738—2020	植物品种特异性(可区别性)、一致性和稳定性测试指南 黄麻	
73	NY/T 3739—2020	植物品种特异性(可区别性)、一致性和稳定性测试指南 咖啡	
74	NY/T 3740—2020	植物品种特异性(可区别性)、一致性和稳定性测试指南 喜林芋属	
75	NY/T 3741—2020	畜禽屠宰操作规程　鸭	
76	NY/T 3742—2020	畜禽屠宰操作规程　鹅	
77	NY/T 3743—2020	畜禽屠宰操作规程　驴	
78	NY/T 3383—2020	畜禽产品包装与标识	NY/T 3383—2018
79	NY/T 654—2020	绿色食品　白菜类蔬菜	NY/T 654—2012
80	NY/T 655—2020	绿色食品　茄果类蔬菜	NY/T 655—2012
81	NY/T 743—2020	绿色食品　绿叶类蔬菜	NY/T 743—2012
82	NY/T 744—2020	绿色食品　葱蒜类蔬菜	NY/T 744—2012
83	NY/T 745—2020	绿色食品　根菜类蔬菜	NY/T 745—2012
84	NY/T 746—2020	绿色食品　甘蓝类蔬菜	NY/T 746—2012
85	NY/T 747—2020	绿色食品　瓜类蔬菜	NY/T 747—2012
86	NY/T 748—2020	绿色食品　豆类蔬菜	NY/T 748—2012
87	NY/T 750—2020	绿色食品　热带、亚热带水果	NY/T 750—2011
88	NY/T 752—2020	绿色食品　蜂产品	NY/T 752—2012
89	NY/T 840—2020	绿色食品　虾	NY/T 840—2012
90	NY/T 1044—2020	绿色食品　藕及其制品	NY/T 1044—2007
91	NY/T 1514—2020	绿色食品　海参及制品	NY/T 1514—2007
92	NY/T 1515—2020	绿色食品　海蜇制品	NY/T 1515—2007
93	NY/T 1516—2020	绿色食品　蛙类及制品	NY/T 1516—2007
94	NY/T 1710—2020	绿色食品　水产调味品	NY/T 1710—2009
95	NY/T 1711—2020	绿色食品　辣椒制品	NY/T 1711—2009
96	SC/T 1135.4—2020	稻渔综合种养技术规范　第4部分:稻虾(克氏原螯虾)	
97	SC/T 1135.5—2020	稻渔综合种养技术规范　第5部分:稻鳖	
98	SC/T 1135.6—2020	稻渔综合种养技术规范　第6部分:稻鳅	
99	SC/T 1138—2020	水产新品种生长性能测试　虾类	
100	SC/T 1144—2020	克氏原螯虾	

（续）

序号	标准号	标准名称	代替标准号
101	SC/T 1145—2020	赤眼鳟	
102	SC/T 1146—2020	江鳕	
103	SC/T 1147—2020	大鳍 亲本和苗种	
104	SC/T 1148—2020	哲罗鱼 亲本和苗种	
105	SC/T 1150—2020	陆基推水集装箱式水产养殖技术规范 通则	
106	SC/T 2085—2020	海蜇	
107	SC/T 2090—2020	棘头梅童鱼	
108	SC/T 2091—2020	棘头梅童鱼 亲鱼和苗种	
109	SC/T 2094—2020	中间球海胆	
110	SC/T 2100—2020	菊黄东方鲀	
111	SC/T 2101—2020	曼氏无针乌贼	
112	SC/T 3054—2020	冷冻水产品冰衣限量	
113	SC/T 3312—2020	调味鱿鱼制品	
114	SC/T 3506—2020	磷虾油	
115	SC/T 3902—2020	海胆制品	SC/T 3902—2001
116	SC/T 4017—2020	塑胶渔排通用技术要求	
117	SC/T 4048.2—2020	深水网箱通用技术要求 第2部分：网衣	
118	SC/T 4048.3—2020	深水网箱通用技术要求 第3部分：纲索	
119	SC/T 6101—2020	淡水池塘养殖小区建设通用要求	
120	SC/T 6102—2020	淡水池塘养殖清洁生产技术规范	
121	SC/T 7021—2020	鱼类免疫接种技术规程	
122	SC/T 7022—2020	对虾体内的病毒扩增和保存方法	
123	SC/T 7204.5—2020	对虾桃拉综合征诊断规程 第5部分：逆转录环介导核酸等温扩增检测法	
124	SC/T 7232—2020	虾肝肠胞虫病诊断规程	
125	SC/T 7233—2020	急性肝胰腺坏死病诊断规程	
126	SC/T 7234—2020	白斑综合征病毒（WSSV）环介导等温扩增检测方法	
127	SC/T 7235—2020	罗非鱼链球菌病诊断规程	
128	SC/T 7236—2020	对虾黄头病诊断规程	
129	SC/T 7237—2020	虾虹彩病毒病诊断规程	
130	SC/T 7238—2020	对虾偷死野田村病毒（CMNV）检测方法	
131	SC/T 7239—2020	三疣梭子蟹肌孢虫病诊断规程	
132	SC/T 7240—2020	牡蛎疱疹病毒1型感染诊断规程	
133	SC/T 7241—2020	鲍脓疱病诊断规程	
134	SC/T 9436—2020	水产养殖环境（水体、底泥）中磺胺类药物的测定 液相色谱-串联质谱法	
135	SC/T 9437—2020	水生生物增殖放流技术规范 名词术语	
136	SC/T 9438—2020	淡水鱼类增殖放流效果评估技术规范	
137	SC/T 9439—2020	水生生物增殖放流技术规范 兰州鲇	

（续）

序号	标准号	标准名称	代替标准号
138	SC/T 9609—2020	长江江豚迁地保护技术规范	
139	NY/T 3744—2020	日光温室全产业链管理技术规范　番茄	
140	NY/T 3745—2020	日光温室全产业链管理技术规范　黄瓜	
141	NY/T 3746—2020	农村土地承包经营权信息应用平台接入技术规范	
142	NY/T 3747—2020	县级农村土地承包经营权信息系统建设技术指南	

（续）

序号	标准号	标准名称	代替标准号
		农村土地承包经营权信息应用平台接入技术规范	

中华人民共和国农业农村部公告

第 357 号

《水稻品种纯度鉴定　SSR 分子标记法》等 107 项标准业经专家审定通过,现批准发布为中华人民共和国农业行业标准,自 2021 年 4 月 1 日起实施。

特此公告。

附件:《水稻品种纯度鉴定　SSR 分子标记法》等 107 项农业行业标准目录

农业农村部

2020 年 11 月 12 日

附件：

《水稻品种纯度鉴定 SSR 分子标记法》等 107 项农业行业标准目录

序号	标准号	标准名称	代替标准号
1	NY/T 3748—2020	水稻品种纯度鉴定 SSR 分子标记法	
2	NY/T 3749—2020	普通小麦品种纯度鉴定 SSR 分子标记法	
3	NY/T 3750—2020	玉米品种纯度鉴定 SSR 分子标记法	
4	NY/T 3751—2020	高粱品种纯度鉴定 SSR 分子标记法	
5	NY/T 3752—2020	向日葵品种真实性鉴定 SSR 分子标记法	
6	NY/T 3753—2020	甘薯品种真实性鉴定 SSR 分子标记法	
7	NY/T 3754—2020	甘蔗品种真实性鉴定 SSR 分子标记法	
8	NY/T 3755—2020	豌豆品种真实性鉴定 SSR 分子标记法	
9	NY/T 3756—2020	蚕豆品种真实性鉴定 SSR 分子标记法	
10	NY/T 3757—2020	农作物种质资源调查收集技术规范	
11	NY/T 3758—2020	花生种质资源保存和鉴定技术规程	
12	NY/T 3759—2020	农作物优异种质资源评价规范 亚麻	
13	NY/T 1209—2020	农作物品种试验与信息化技术规程 玉米	NY/T 1209—2006
14	NY/T 3760—2020	棉花品种纯度田间小区种植鉴定技术规程	
15	NY/T 3761—2020	马铃薯组培苗	
16	NY/T 3762—2020	猕猴桃苗木繁育技术规程	
17	NY/T 3763—2020	桃苗木生产技术规程	
18	NY/T 3764—2020	甜樱桃大苗繁育技术规程	
19	NY/T 3765—2020	芝麻种子生产技术规程	
20	NY/T 3766—2020	玉米种子活力测定 冷浸发芽法	
21	NY/T 3767—2020	杂交水稻机械化制种技术规程	
22	NY/T 3768—2020	杂交水稻种子机械干燥技术规程	
23	NY/T 3769—2020	氰霜唑原药	
24	NY/T 3770—2020	吡氟酰草胺水分散粒剂	
25	NY/T 3771—2020	吡氟酰草胺悬浮剂	
26	NY/T 3772—2020	吡氟酰草胺原药	
27	NY/T 3773—2020	甲氨基阿维菌素苯甲酸盐微乳剂	
28	NY/T 3774—2020	氟硅唑原药	
29	NY/T 3775—2020	硫双威可湿性粉剂	
30	NY/T 3776—2020	硫双威原药	
31	NY/T 3777—2020	嘧啶肟草醚乳油	
32	NY/T 3778—2020	嘧啶肟草醚原药	
33	NY/T 3779—2020	烯酰吗啉可湿性粉剂	
34	NY/T 3780—2020	烯酰吗啉原药	
35	NY/T 3781—2020	唑嘧磺草胺水分散粒剂	
36	NY/T 3782—2020	唑嘧磺草胺悬浮剂	
37	NY/T 3783—2020	唑嘧磺草胺原药	
38	NY/T 3784—2020	农药热安全性检测方法 绝热量热法	
39	NY/T 3785—2020	葡萄扇叶病毒的定性检测 实时荧光 PCR 法	
40	NY/T 3786—2020	高油酸油菜籽	

（续）

序号	标准号	标准名称	代替标准号
41	NY/T 3787—2020	土壤中四环素类、氟喹诺酮类、磺胺类、大环内酯类和氯霉素类抗生素含量同步检测方法　高效液相色谱法	
42	NY/T 3788—2020	农田土壤中汞的测定　催化热解-原子荧光法	
43	NY/T 3789—2020	农田灌溉水中汞的测定　催化热解-原子荧光法	
44	NY/T 3790—2020	塞内卡病毒感染诊断技术	
45	NY/T 556—2020	鸡传染性喉气管炎诊断技术	NY/T 556—2002
46	NY/T 3791—2020	鸡心包积液综合征诊断技术	
47	NY/T 3792—2020	九龙牦牛	
48	NY/T 3793—2020	中国环颈雉	
49	NY/T 3794—2020	安庆六白猪	
50	NY/T 3795—2020	撒坝猪	
51	NY/T 3796—2020	马和驴冷冻精液	
52	NY/T 3797—2020	牦牛人工授精技术规程	
53	NY/T 3798—2020	荷斯坦牛公犊育肥技术规程	
54	NY/T 3799—2020	生乳及其制品中碱性磷酸酶活性的测定　发光法	
55	NY/T 3800—2020	草种质资源数码图像采集技术规范	
56	NY/T 3801—2020	饲料原料中酸溶蛋白的测定	
57	NY/T 3802—2020	饲料添加剂　氨基酸锌及蛋白锌　络(螯)合强度的测定	
58	NY/T 911—2020	饲料添加剂　β-葡聚糖酶活力的测定　分光光度法	NY/T 911—2004
59	NY/T 912—2020	饲料添加剂　纤维素酶活力的测定　分光光度法	NY/T 912—2004
60	NY/T 919—2020	饲料中苯并(a)芘的测定	NY/T 919—2004
61	NY/T 3803—2020	饲料中37种霉菌毒素的测定　液相色谱-串联质谱法	
62	NY/T 3804—2020	油脂类饲料原料中不皂化物的测定　正己烷提取法	
63	NY/T 453—2020	红江橙	NY/T 453—2001
64	NY/T 604—2020	生咖啡	NY/T 604—2006
65	NY/T 692—2020	黄皮	NY/T 692—2003
66	NY/T 693—2020	澳洲坚果　果仁	NY/T 693—2003
67	NY/T 234—2020	生咖啡和带种皮咖啡豆取样器	NY/T 234—1994
68	NY/T 246—2020	剑麻纱线　线密度的测定	NY/T 246—1995
69	NY/T 249—2020	剑麻织物　物理性能试样的选取和裁剪	NY/T 249—1995
70	NY/T 880—2020	芒果栽培技术规程	NY/T 880—2004
71	NY/T 1088—2020	橡胶树割胶技术规程	NY/T 1088—2006
72	NY/T 3805—2020	香草兰扦插苗繁育技术规程	
73	NY/T 3806—2020	天然生胶、浓缩天然胶乳及其制品中镁含量的测定　原子吸收光谱法	
74	NY/T 1404—2020	天然橡胶初加工企业安全技术规范	NY/T 1404—2007
75	NY/T 263—2020	天然橡胶初加工机械　锤磨机	NY/T 263—2003
76	NY/T 1558—2020	天然橡胶初加工机械　干燥设备	NY/T 1558—2007
77	NY/T 3807—2020	香蕉茎秆破片机　质量评价技术规范	

（续）

序号	标准号	标准名称	代替标准号
78	NY/T 3808—2020	牛大力　种苗	
79	NY/T 2667.14—2020	热带作物品种审定规范　第14部分:剑麻	
80	NY/T 2667.15—2020	热带作物品种审定规范　第15部分:槟榔	
81	NY/T 2667.16—2020	热带作物品种审定规范　第16部分:橄榄	
82	NY/T 2667.17—2020	热带作物品种审定规范　第17部分:毛叶枣	
83	NY/T 2668.15—2020	热带作物品种试验技术规程　第15部分:槟榔	
84	NY/T 2668.16—2020	热带作物品种试验技术规程　第16部分:橄榄	
85	NY/T 2668.17—2020	热带作物品种试验技术规程　第17部分:毛叶枣	
86	NY/T 3809—2020	热带作物种质资源描述规范　番木瓜	
87	NY/T 3810—2020	热带作物种质资源描述规范　莲雾	
88	NY/T 3811—2020	热带作物种质资源描述规范　杨桃	
89	NY/T 3812—2020	热带作物种质资源描述规范　番石榴	
90	NY/T 3813—2020	橡胶树种质资源收集、整理与保存技术规程	
91	NY/T 3814—2020	热带作物主要病虫害防治技术规程　毛叶枣	
92	NY/T 3815—2020	热带作物病虫害监测技术规程　槟榔黄化病	
93	NY/T 3816—2020	热带作物病虫害监测技术规程　胡椒瘟病	
94	NY/T 3817—2020	农产品质量安全追溯操作规程　蛋与蛋制品	
95	NY/T 3818—2020	农产品质量安全追溯操作规程　乳与乳制品	
96	NY/T 3819—2020	农产品质量安全追溯操作规程　食用菌	
97	NY/T 3820—2020	全国12316数据资源建设规范	
98	NY/T 3821.1—2020	农业面源污染综合防控技术规范　第1部分:平原水网区	
99	NY/T 3821.2—2020	农业面源污染综合防控技术规范　第2部分:丘陵山区	
100	NY/T 3821.3—2020	农业面源污染综合防控技术规范　第3部分:云贵高原	
101	NY/T 3822—2020	稻田面源污染防控技术规范　稻蟹共生	
102	NY/T 3823—2020	田沟塘协同防控农田面源污染技术规范	
103	NY/T 3824—2020	流域农业面源污染监测技术规范	
104	NY/T 3825—2020	生态稻田建设技术规范	
105	NY/T 3826—2020	农田径流排水生态净化技术规范	
106	NY/T 3827—2020	坡耕地径流拦蓄与再利用技术规范	
107	NY/T 3828—2020	畜禽粪便食用菌基质化利用技术规范	

中华人民共和国农业农村部公告
第 358 号

　　《饲料中氨苯砜的测定　液相色谱-串联质谱法》等 4 项标准业经专家审定通过,现批准发布为中华人民共和国国家标准,自 2021 年 3 月 1 日起实施。
　　特此公告。

　　附件:《饲料中氨苯砜的测定　液相色谱-串联质谱法》等 4 项国家标准目录

农业农村部
2020 年 11 月 12 日

附件：

《饲料中氨苯砜的测定　液相色谱-串联质谱法》等 4 项国家标准目录

序号	标准号	标准名称	代替标准号
1	农业农村部公告第 358 号—1—2020	饲料中氨苯砜的测定　液相色谱-串联质谱法	
2	农业农村部公告第 358 号—2—2020	饲料中苯硫脲和硫菌灵的测定　液相色谱-串联质谱法	
3	农业农村部公告第 358 号—3—2020	饲料中 7 种青霉素类药物含量的测定	
4	农业农村部公告第 358 号—4—2020	饲料中交沙霉素和麦迪霉素的测定　液相色谱-串联质谱法	

图书在版编目（CIP）数据

中国农业行业标准汇编 . 2022. 农机分册/标准质
量出版分社编 . —北京：中国农业出版社，2022.1
（中国农业标准经典收藏系列）
ISBN 978-7-109-28709-9

Ⅰ. ①中… Ⅱ. ①标… Ⅲ. ①农业—行业标准—汇编
—中国②农业机械—行业标准—汇编—中国 Ⅳ.
①S-65

中国版本图书馆 CIP 数据核字（2021）第 164642 号

中国农业行业标准汇编（2022） 农机分册
ZHONGGUO NONGYE HANGYE BIAOZHUN HUIBIAN（2022）
NONGJI FENCE

中国农业出版社出版
地址：北京市朝阳区麦子店街 18 号楼
邮编：100125
责任编辑：刘 伟 文字编辑：胡烨芳
版式设计：杜 然 责任校对：吴丽婷
印刷：北京印刷一厂
版次：2022 年 1 月第 1 版
印次：2022 年 1 月北京第 1 次印刷
发行：新华书店北京发行所
开本：880mm×1230mm 1/16
印张：12
字数：400 千字
定价：120.00 元